과학이슈 하이라이트

감염병X, 바이러스와 인류

과학이슈 하이라이트 Vol. 05

감염병 X, 바이러스와 인류

초판 1쇄 발행 2023년 1월 20일

글쓴이 오혜진
펴낸이 이경민

편집 이순아
디자인 김현수

펴낸곳 (주)동아엠앤비
출판등록 2014년 3월 28일(제25100-2014-000025호)
주소 (03737) 서울특별시 서대문구 충정로 35-17 인촌빌딩 1층
홈페이지 www.dongamnb.com
전화 (편집) 02-392-6903 (마케팅) 02-392-6900
팩스 02-392-6902
이메일 damnb0401@naver.com
SNS

ISBN 979-11-6363-637-3 (43470)

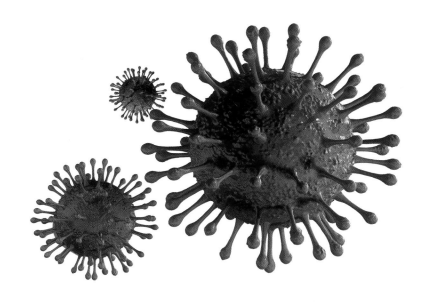

감염병 X

바이러스와 인류

오혜진 지음

동아엠앤비

펴내는 글

과학이슈 하이라이트는 최신 과학이슈를 엄선하여 기초적인 지식에서 최근 연구 동향에 이르기까지 상세한 설명과 풍부한 시각 자료로 '더 깊게, 더 넓게, 더 쉽게' 전달하는 화보 느낌의 교양 도서이다.

이번 주제는 인류와 함께 공존해 온 '감염병'에 관한 것이다. 감염병은 세균, 스피로헤타(나선상균), 리케차(발진티푸스, 양충병, 큐열 따위를 일으키는 병원균), 바이러스, 진균, 기생충과 같은 여러 병원체에 의해 감염되어 발병하는 질환을 뜻한다. 병원체의 감염으로 발병되었을 경우 감염성 질환이라고 하며, 이 감염성 질환이 전염성을 가지고 새로운 숙주에게 질환을 전염시키는 것을 전염병이라고 한다. 보건복지부는 2010년 '전염병'을 전염성 질환과 비전염성 질환 모두를 포함하는 '감염병'이란 용어로 변경한다고 공포했다.

인간과 동물이 함께 생활을 하기 시작한 농경 시대부터 바이러스는 인류와 함께 생활해 왔다. 과거보다 상황이 나아졌지만, 여전히 감염성 질환은 전체 사망의 약 25%를 차지한다. 인간에게 영향을 미치는 감염균 종류 또한 1,400여 종이 넘는다. 인간에게 영향을 미치는 병원균의 리스트는 점점 더 길어지고 있다. 매년 한두 종의 새로운 감염균이 나타나기 때문이다. 기술 발전에 발맞춰 바이러스 또한 숙주를 찾아 끊임없이 진화하고 있다. 인류의 역사에 큰 영향을 미칠만한 팬데믹급 감염병이 몇 차례 있었고, 지금도 진행 중에 있다. 21세기 들어서 지금까지 거의 매년 새로운 질병으로 또다시 우리를 위협하고 있다. 아마도 이번 역사에 길이 이름을 남길 가능성이 높다.

이제는 인류가 고전적인 감염병과의 싸움에서 이겼다고 생각하는 커다란 착각에서 벗어나야 할 때다. 앞으로 다가올 감염병을 통제하기 위해서는 인간과 동물 그리고 환경의 건강을 하나로 묶는 원 헬스(One Health, 하나의 건강)라는 개념을 활용해야 한다. 원 헬스는 인간의 건강, 동물의 건강, 환경의 건강 사이의 상호 의존성에 바탕을 둔 개념이다. 원 헬스의 성공적인 사례를 보면 다음과 같다. 보르네오에서는 불법 벌목을 막기 위해 10년간 2만 8,000명 이상의 주민들에게 의료 할인 서비스를 제공했다. 그 결과 산림벌채의 70%가 감소하고 결핵 및 소아 질병의 발병률이 상당 부분 줄었다고 한다. 또한 홍콩 내 가금류 도매 시장을 한 달에 한 번씩 문을 닫았더니 H9N2 조류인플루엔자(AI) 바이러스 발생률이 낮아졌다고 한다. 야생 동물 시장은 인간과 동물이 직접 접촉하는 주요 거점이기 때문에 규제 노력이 효과를 최대화할 수 있었던 것이다. 다른 사례로는 2004년 케냐에 질병통제예방센터가 설립되었다. 다른 기관들과 협업을 통해 고병원성 H5N1의 세계적 확산을 막으려는 시도였다. 또한 2015년 1월 아프리카 연합은 에티오피아 아디스 아바바에서 제24차 아프리카 연합정부수반총회를 통해 '어젠다 2063'을 채택했다. 여기서 가장 중요한 것은 아프리카 사람들의 건강이다. 어젠다 2063은 정책적 차원에서 국립 공공 보건 기관의 체계를 개발했다. 이는 원 헬스의 방향과 정확하게 부합하는 것이다.

앞으로 어떤 감염병이 또 우리를 위협할지 모른다. 현재 우리가 겪고 있는 팬데믹에 대한 대응 경험, 여기에 지난 날 역사적 사례를 더해 장차 우리가 직면할지도 모르는 위기에 좀 더 지혜롭게 대처할 수 있도록 준비할 필요가 있다.

편집부

저는 공연 보는 것을 정말 좋아합니다. 2019년 말, 중국 후베이성 우한에서 정체불명의 폐렴이 발생했다는 소식이 처음 알려졌을 때, 연말 공연을 보느라 바빴던 기억이 납니다. 2020년 1월 20일, 한국의 첫 코로나19 확진자가 발생하기 이틀 전에도 밴드 '퀸'의 내한 공연을 즐겼습니다. 그때까지만 해도 코로나19 대유행이 시작될 줄은, 그래서 그 공연을 끝으로 3년간 공연을 볼 수 없게 될 줄은 꿈에도 생각하지 못했습니다.

불과 2~3개월 만에 전 세계로 확산된 코로나19로 인류는 전례 없는 상황에 직면했습니다. 마스크 착용이 일상이 되고, 사회적 거리두기로 사람들을 만나지 못하고, 비대면 서비스와 재택근무 등이 일상이 되었죠. 저는 고작 취미나 해외여행을 즐기지 못하게 된 정도였지만, 수많은 사람들이 생계를 잃거나 가족을 떠나보내야 하는 슬픔을 겪었습니다. 하지만 인류가 감염병으로 고통받은 것은 코로나19 팬데믹 사태가 처음이 아닙니다. 인류의 역사는 감염병의 역사라고 할 만큼, 인간은 늘 감염병과 함께 해왔습니다. 흑사병과 천연두처럼 인류 역사에 큰 영향을 미쳤던 수많은 감염병이 있었습니다.

수많은 인류가 예측할 수 없는 감염병으로 희생당했지만, 그럼에도 불구하고 인류는 영화 〈인터스텔라〉의 명대사처럼 늘 그랬듯이 답을 찾아왔습니다. 알렉산더 플레밍이 페니실린을 발견해 속수무책이었던 세균 감염병에 대응할 수 있는 길을 열어 주었고, 에드워드 제너는 우두를 접종해 오랜 시간 인류를 괴롭혔던 천연두 바이러스를 박멸할 수 있게 했습니다. 감염병의 원인을 밝혀내고, 이를 극복하기 위한 수많은 사람들의 노력 덕분에 인류는 온갖 감염병과 맞설 수 있었습니다.

코로나19도 마찬가지였습니다. 금방 끝날 줄 알았던 대유행은 코로나19

의 각종 변이 때문에 아직까지 이어지고 있지만, 그럼에도 우리는 빠르게 개발된 백신과 치료제 덕분에 조금씩 예전의 일상으로 돌아가고 있는 중입니다. 그리고 이를 가능하게 한 것은 과학과 과학자들의 노력이었습니다.

　정체불명의 폐렴 원인이 바이러스이고, 그 바이러스가 코로나바이러스의 새로운 종이라는 것을 밝혀내는 것을 시작으로 전 세계의 과학자들은 전대미문의 감염병을 극복하기 위해 쉴 새 없이 연구하며 신속하게 그 결과를 발표했습니다. 그들의 노력 덕분에 코로나19 바이러스의 염기서열이 밝혀진 지 채 1년도 되지 않아 백신이 만들어질 수 있었고, 코로나19의 확산을 막을 수 있었습니다.

　이 책은 그러한 노력의 결과물을 담았습니다. 21세기 이전 인류를 괴롭혔던 감염병과 이를 극복하기 위한 과학자들의 노력을 시작으로 코로나19 대유행에서 그들이 밝혀낸 사실과 연구들을 정리했습니다. 현재 진행형인 이슈를 다루느라 여러 번 원고를 수정해야 했고, 지금 이 순간에도 코로나19는 변화무쌍하게 변이를 만들고 있어 부족한 부분들이 많을 것입니다. 그래도 모쪼록 이 책을 통해 지금의 일상 회복은 과학자들의 치열한 연구로 이루어졌다는 것을 알게 되었으면 좋겠습니다.

오혜진

CONTENTS

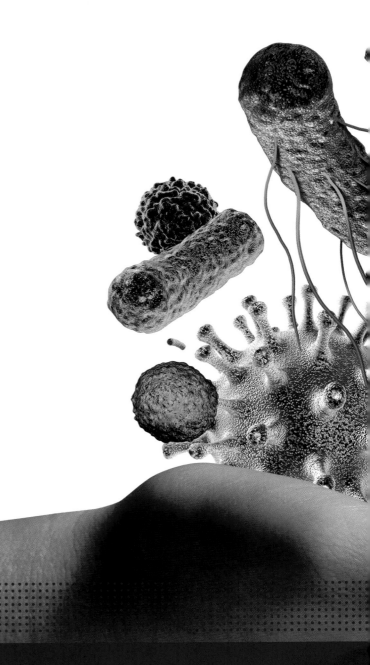

01

인류와 함께해 온
감염병

 우리는 세균, 바이러스, 곰팡이 등 수많은 미생물과 함께 살아가고 있다. 대부분의 미생물은 인간에게 질병을 일으키지 않는다. 게다가 인간은 면역 체계를 가지고 있기 때문에 미생물이 체내에 침입해도 방어할 수 있다. 그런데 피로와 스트레스, 혹은 기저질환 등의 이유로 면역 체계가 약화되어 있거나, 체내에 들어온 미생물의 수가 너무 많아져 면역 체계가 감당하기 어려운 정도가 되면 미생물의 침입으로 인한 질병이 발생하게 된다. 이를 '감염병'이라고 한다.

감염병의 증상은 매우 다양하다. 피로와 발열 같은 경증에서부터 중증, 때로는 생명을 위협해 사망에 이르기까지 하는 등 광범위한 증상을 보인다. 세계보건기구(WHO)에 따르면 2019년 전 세계 주요 사망 원인 4위는 '하기도 감염(하부호흡기 감염증)'이다. 미생물 감염에 의해 폐렴 등의 질병으로 사망한 것으로, 총 260만 명이 하기도 감염에 의한 질병으로 사망했다. 특히 저소득 국가에 사는 사람들일수록 감염병으로 사망할 가능성이 훨씬 높았다. 저소득 국가의 10대 사망 원인 중 여섯 가지가 하기도 감염, 설사병, 말라리아, 결핵 등으로 모두 감염병에 속한다.

인간에게 질병을 일으키는 미생물은 '병원체(pathogen)'라고 부른다. 대표적인 병원체로 세균과 바이러스를 꼽을 수 있다. 먼저 세균은 보통 세포 하나로 이루어진 생명체로 땅과 바다, 지각 깊숙한 곳 등 지구의 모든 곳에 살고 있으며 우리의 대장과 피부에도 존재한다. 막대 모양, 나선 모양, 공 모양 등 여러 모양의 세균이 있으며 종류도 다양하다. 이중 인간에게 질병을 일으킬 수 있는 병원성 세균은 생각보다 극소수로, 100개 미만으로 추정된다.

병원성 세균이 질병을 유발하는 방법은 여러 가지가 있다. 대다수 경우는 감염에 의해 발열이나 염증 등의 면역 반응을

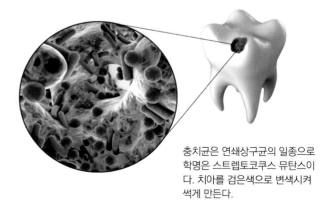

충치균은 연쇄상구균의 일종으로 학명은 스트렙토코쿠스 뮤탄스이다. 치아를 검은색으로 변색시켜 썩게 만든다.

일으킨다. 또 우리 몸의 세포에 부착해 영양분을 사용하면서 노폐물을 생산해 직접적인 손상을 일으킬 수도 있다. 충치를 유발하는 충치균(*Streptococcus mutans*, 스트렙토코쿠스 뮤탄스)이 대표적이다. 충치균은 당을 대사하는 과정에서 노폐물로 산을 생성하는데, 이 산이 치아 표면을 파괴하게 된다. 마지막으로 독소를 생산해 세포를 손상시키는 세균도 있다. 보툴리누스균(*Clostridium botulinum*)은 근육을 마비시키는 치명적인 신경 독소를 만들어 감염된 사람을 사망에 이르게 한다. 이 독소는 현재까지 알려진 가장 강력한 독소로 심각한 신경 기능 손상을 일으키지만, 극소량 사용할 경우 근육이 떨리는 것을 제어하고 주름을 감소시키는 효과가 있어 의료용으로 널리 사용되고 있다. 보툴리누스균 독소를 희석시켜 의료용으로 상품화한 것이 바로 보톡스(상품명)이다.

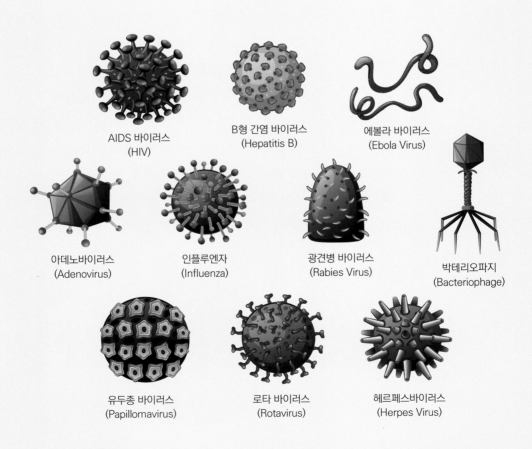

AIDS 바이러스
(HIV)

B형 간염 바이러스
(Hepatitis B)

에볼라 바이러스
(Ebola Virus)

아데노바이러스
(Adenovirus)

인플루엔자
(Influenza)

광견병 바이러스
(Rabies Virus)

박테리오파지
(Bacteriophage)

유두종 바이러스
(Papillomavirus)

로타 바이러스
(Rotavirus)

헤르페스바이러스
(Herpes Virus)

여러 종류의 바이러스 바이러스는 숙주의 종류에 따라 식물, 동물 바이러스와 세균 바이러스(파지)로 나눈다.

바이러스는 세균보다 훨씬 작은 20~300㎚(나노미터)의 크기로, 일반 광학현미경으로는 볼 수 없고 전자현미경으로 관찰해야 한다. 사실 바이러스는 엄밀히 말하면 생명체라고 할 수 없다. 스스로 물질대사를 하며 생명 활동을 할 수 있는 세균과 달리, 바이러스는 숙주가 되는 생명체에 기생해야만 증식할 수 있기 때문이다. 숙주 밖에서는 그저 '비리온(virion, 감염이 가능한 바이러스 입자)'이라고 불리는 바이러스 입자로만 존재한다. 그래서 바이러스는 생물과 무생물의 중간적 존재로 간주된다.

바이러스 입자는 나선형이나 정이십면체 등 다양한 모양을 하고 있다. 그리고 내부는 DNA나 RNA로 이루어진 유전 물질과, 이를 둘러싸는 캡시드 단백질로 이루어진다. 바이러스의 유전 물질은 복제에 꼭 필요한 몇 가지의 필수 유전자로만 이루어져 있다. 또 종류에 따라 캡시드 단백질을 또 다시 둘러싸는 '외피'를 갖고 있는 바이러스도 있다. 외피는 주로 숙주 세포의 세포막으로 이루어져 있다.

숙주 세포에 들어간 바이러스는 숙주 세포의 단백질 합성 시스템을 사용해 자신의 유전 물질을 복제하고, 필요한 단백질을 합성해 바이러스 입자를 조립한다. 한 개의 바이러스 입자는 감염된 세포 내에서 수천 개의 자손 바이러스를 생산할 수 있다. 조립된 바이러스 입자는 숙주 세포에서 방출되는데, 이 과정에서 세포가 손상되거나 파괴된다. 일부 바이러스는 숙주 세포 내에 휴면 상태를 유지해 잠복기를 가지기도 한다. 몸이 피곤할 때 입술에 포진을 일으키는 헤르페스바이러스와 대상 포진과 수두를 일으키는 수두 바이러스가 이에 해당된다.

사람 사이에 전염되지 않는 비전염성 감염병도 있지만, 대부분의 감염병은 사람 사이에 전염되는 전염성 감염병이다. 사람 간 직접 접촉, 감염된 사람의 체액, 공기 중 입자, 표면 접촉 등을 통해 병원체가 퍼질 수 있다. 그래서 세균과 바이러스가 일으키는 감염병은 인간의 삶에 큰 영향을 미쳤다. 인간의 역사는 수많은 감염병과 함께 전개되었고, 그래서 인간의 역사를 곧 감염병의 역사라고들 한다.

01 근대 이전 : 세균 감염병의 시대

근대 이전에는 세균에 의한 감염병이 크게 위세를 떨쳤다. 가장 악명 높았던 감염병은 '흑사병'이란 이름으로 유명한 '페스트'다. 흑사병은 감염된 사람의 신체가 괴사를 일으켜 검게 변한다고 해서 붙여진 이름이다.

페스트는 막대 모양의 페스트균(*Yersinia pestis*)에 감염되어 발생한다. 감염 부위에 따라 림프절 페스트, 폐 페스트, 패혈증 페스트로 나뉜다. 림프절 페스트나 패혈증 페스트는 주로 페스트균을 가진 쥐벼룩에 물리거나 페스트균에 감염된 쥐나 동물과 접촉했을 때 감염된다. 림프절 페스트는 사타구니, 겨드랑이, 또는 목 주위에 있는 림프절이 부어오르는 증상이 나타난다. 림프절에서 혈액으로 페스트균이 이동하면 손가락, 발가락 등의 조직이 검게 변하고, 사망에 이르는 패혈증

페스트로 발전할 수 있다. 페스트균이 폐로 이동하면 폐 페스트 증상이 나타난다. 이름 그대로 호흡 곤란, 기침, 가슴 통증 등의 급성 폐렴이 발생한다. 폐 페스트는 유일하게 사람 간 전파가 가능해 페스트균에 감염된 환자의 침방울로 감염될 수 있다. 폐 페스트는 페스트균에 의해 발생하는 심각한 하기도 감염증으로 셋 중 가장 치명적이며 빨리 치료를 받지 않으면 몇 시간 안에도 사망할 수 있다.

역사상 가장 끔찍한 페스트 범유행 중 하나는 541년에 시작된 유스티니아누스 역병이다. 당시 동로마 제국의 황제였던 유스티니아누스(Justinianus) 1세의 이름을 딴 유스티니아누스 역병은 이집트에서 지중해를 거쳐 유럽까지 퍼졌고, 8세기 중반까지 산발적으로 이어졌다. 이를 1차 대유행이라고도 부른다.

당시 동로마 제국의 수도인 콘스탄티노플은 거대한 도시였고, 시민들은 막대한 양의 곡물을 이집트에서 수입했다. 이 곡물을 운반하는 배에 페스트균에 감염된 쥐가 타고 있었고, 이 쥐들에 의해 페스트균이 도시로 옮겨진 것으로 추정된다. 역사가 프로코피우스(Procopius)는 페스트로 인해 매일 만 명의 사람들이 목숨을 잃었다고 기록했다. 역사학자들은 유스티니아누스 역병으로 인해 지중해와 유럽 전역에서 인구의 4분의 1이 사망했으며, 이 역병으로 로마 제국이 멸망해 고대 시대가 끝나고 중세 시대가 시작되는 데 결정적인 계기가 되었다고 설명한다.

가장 악명 높은 페스트로 기록된 유행은 흑사병이라 불리던 14세기였다. 이 시기 페스트는 유럽 사람들에게 재앙이었다. 페스트로 14세기 유럽 인구의 3분의 1이 사망했다고 전해지는데, 역사학자들은 사망자 수가 최소 7,500만 명에서 최대 2억 명까지였을 것으로 추정하고 있다. 이후에도 페스트는 1700년대까지 반복적으로 나타나 유럽 대륙을 휩쓸고 황폐화시켰다.

페스트의 기원은 아직도 논란이 많다. 오랫동안 역사학자들은 페스

유럽 중세의
의사들이 착용한
새부리 가면과 복장

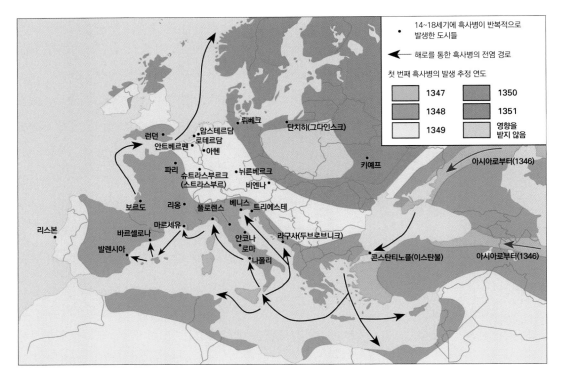

14세기 흑사병 경로
ⓒ브리태니커

14세기 흑사병은 1346년 유럽 동부에서 본격적으로 시작되어 1353년까지 유럽 전역을 강타했던 대규모 전염병의 유행을 일컫는다.

트가 중국에서 시작되어, 중국과 유럽을 연결하는 실크로드를 통해 유럽과 아프리카로 전파되었을 것이라고 생각했다. 하지만 이후 과학자들은 페스트로 사망한 고대인들의 DNA에서 페스트균의 DNA를 분석해 페스트균의 진화와 역사를 연구하면서 훨씬 더 오래 전부터 유럽에 페스트가 존재했을 수 있다는 증거를 발견하고 있다. 독일 킬 대학 연구팀은 2021년 6월 29일 자 국제학술지 〈셀 리포트(Cell Reports)〉에 5,000년 전 살았던 라트비아인에게서 페스트균을 발견했다고 발표했다. 다만 이때의 페스트균은 중세 때보다 전염성이 낮고 치명적이지 않았을 가능성이 높다고 연구팀은 설명했다.

페스트 대유행 이후로 유럽을 비롯한 많은 국가에서 위생에 대한 개념이 발전했고, 전염병의 확산을 막을 수 있을 정도로 공중보건이 향상되었다. 이로 인해 페스트는 예전처럼 대유행을 일으키지는 않는다. 하지만 페스트는 역사 속으로 사라진 감염병은 아니다. 여전히 전 세계에서 꾸준히 발병 사례가 보고되고 있다. WHO에 따르면, 2010년부터 2015년까지 전 세계적으로 3,248건의 페스트가 발생했으며 그중 584명이 사망했다. 가장 발병률이 높은 국가는 마다가스카르와 콩고민주공화국, 페루 등이다. 최근에는 중국에서도 페스트 환자가 발생했다는 뉴스가 간혹 보도되고 있다. 한국에서는 아직까지 페스트 환자나 페스트균에 감염된 설치류가 발견된 적이 없다.

페스트 이외에도 콜레라, 매독, 결핵 등 수많은 세균 감염병이 인류를 괴롭혔다. 콜레라는 콜레라균(*Vibrio cholerae*)이 분비하는 독소에 의해 발생한다. 콜레라균에 오염된 음식이나 물을 섭취했을 때 감염된다. 대부분은 경증의 증상을 보이지만, 일부 사람에게서 급성 설사가 지속되며 심각한 탈수가 나타난다. 치료하지 않고 방치하면 사망에 이를 수 있다.

콜레라는 인도의 갠지스강에서 풍토병으로 존재했다가 19세기 초 전 세계로 퍼졌다. 약 200년 간 7차례에 걸친 대유행이 발생해 수많은 사망자를 냈다. 현재도 콜레라는 많은 국가에서 풍토병으로 남아 있는데, 특히 깨끗한 물과 위생 시설이 부족한 저소득 국가에서 여전히 위협적인 감염병이다. WHO에 따르면 매년 전 세계에서 130만~400만 건의 콜레라가 발생하고, 2만 1,000명~14만 3,000여 명이 콜레라로 사망하는 것으로 추정된다.

매독은 매독균(*Treponema pallidum*)에 의해 나타나는 질병이다. 주로 성 접촉으로 감염·전파되는 성병으

콜레라균은 주로 오염된 음식물이나 물을 마셔서 감염되므로 위생 관리를 통한 예방 관리가 필요하다.

로 분류된다. 매독에 걸린 어머니로부터 아기에게 전염되어 선천성 매독이 발생하는 경우도 있다.

매독은 단계적으로 발생하며 각 단계에 따라 증상도 다르다. 1단계 매독은 주로 성기나 항문 주위 등의 감염 부위에 통증이 없는 피부 궤양이 나타난다. 대부분 한 개의 궤양이 관찰되지만 여러 개가 나타나기도 한다. 1단계에서 매독을 치료하지 않으면 2단계로 진행된다. 2단계 매독에서는 손바닥과 발바닥에 발진 증상이 나타난다. 1단계와 2단계 매독 증상이 사라진 후, 매독균은 잠복기에 들어갈 수 있다. 이 단계에서는 증상이 나타나지 않으며, 잠복 상태가 수년 동안 지속된다. 3단계 매독으로 진행되면 심장, 뇌, 신경계, 눈 등 다양한 장기에 매독균이 침범해 사망에 이를 수 있다.

매독의 등장 배경에는 여러 가지 설이 있지만 최초로 기록된 매독은 1494년 나폴리를 포위하는 프랑스군에게서 발생했다. 이후 매독은 유럽 전역으로 퍼져, 18~19세기에 유럽에서 매우 흔한 질병이 되었다. 모차르트, 베토벤, 파가니니, 슈베르트 등 음악가, 작곡가, 시인, 화가 등 많은 예술가가 매독의 희생자로 알려져 있다.

예술가들과 관련된 또 다른 유명한 감염병은 결핵이었다. 결핵은 9,000년 전 신석기 시대의 유골에서 감염의 증거가 발견되었을 정도로 오래된 질병으로 알려져 있지만, 가장 크게 유행했던 때는 18~19세기 유럽이었다. 이 시기 결핵으로 인한 연간 사망률은 10만 명 당 800~1,000명이었으며, 특히 젊은 층의 사람들이 주로 사망해 '젊음의 질병'이라고 불렸을 정도였다. 그러다보니 키츠, 쇼팽, 뭉크, 카프카, 도스토옙스키, 모딜리아니 등 이 시기 활동했던 많은 예술가들이 결핵에 걸렸거나 결핵에 걸린 사람들에 둘러싸여 있었다.

게다가 19세기 유럽은 낭만주의가 정점을 찍었던 시기였는데, 당시 결핵으로 인한 고통은 감수성이 높은 것으로 생각되어 '낭만적인 질병'이라고 불렸다. 시, 소설, 오페라 등에 결핵에 걸린 인물이 수없이 등장했을 정도다. 이뿐 아니라 결핵에 걸려 수척하고 창백해진 외모는 감성적이고 신비로운 분위기를 풍긴다고 여겨 당시 젊은 귀족 여성들은 이런 외모를 얻기 위해 일부러 결핵 환자처럼 창백하고 가냘프게 꾸몄다는 기록도 남아있다.

그러다 독일의 미생물학자이자 현대 세균학의 창시자로 불리는 로베르트 코흐(Heinrich Hermann Robert Koch)가 결핵은 '결핵균'에 감염되어 걸리는 감염병이라는 것을 밝혀냈다. 코흐는 1882년 3월 24일 열린 베를린 생리학 학회에서 결핵균을 분리 배양했다고 발표했으며, 이 공로로 1905년 노벨 생리의학상을 수상했다. WHO는 코흐가 결핵균을 발견한 날을 기념하기 위해 매년 3월 24일을 '세계 결핵의 날'로 지정하고 있다.

결핵균은 기침과 재채기를 통한 침방울로 사람에서 사람으로 전파되며, 주로 폐에 감염

로베르트르 코흐

되지만 다른 장기에도 감염되어 병을 일으킬 수 있다. 그런데 결핵균에 감염되었다고 해서 모두 결핵 증상이 나타나는 것은 아니다. 결핵에 감염된 사람 중 90%는 몸 안에서 아무런 증상을 일으키지 않고, 다른 사람에게도 결핵균을 전파하지 않는 '잠복 결핵' 상태를 유지한다. 결핵균은 다른 세균에 비해 아주 천천히 증식해서 하나의 세포가 둘로 분열하는 데 18~24시간이 걸리기 때문이다. 잠복 결핵 상태가 수십 년 동안 유지되는 경우도 있다. 그러다 면역력이 떨어질 때 결핵균이 증식하면 증상을 일으키고, 전염성이 있는 '활동성 결핵' 상태가 된다. 이때는 기침, 가래, 발열, 피로, 체중 감소, 객혈 등의 증상이 나타난다.

결핵은 여러 개의 항결핵제를 최소 6개월간 복용하면 치료된다. 다만 증식 속도가 무척 느려 임의로 복용을 중단하면 죽지 않고 남아있는 결핵균이 다시 증식해 결핵이 재발하게 될 가능성도 있다. 치

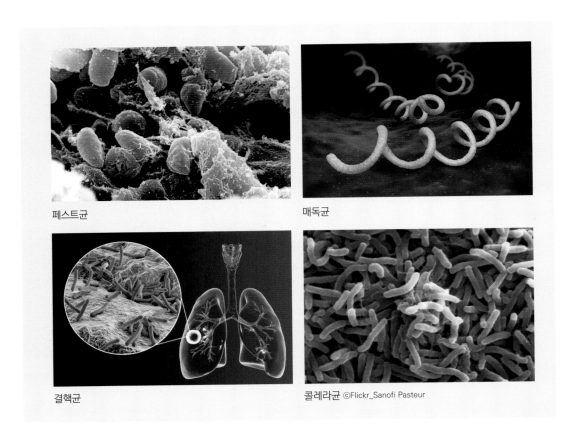

페스트균

매독균

결핵균

콜레라균 ©Flickr_Sanofi Pasteur

료 기간이 길고 까다로워 결핵은 오늘날에도 여전히 중요한 공중보건 문제로 남아있다. WHO는 결핵이 전 세계 인구의 주요 사망 원인 중 13위를 차지하며, 2020년 결핵으로 인한 전 세계 사망자가 총 150만 명에 이른다고 발표했다. 발병률이 높은 국가는 인도, 중국, 인도네시아, 필리핀 등이다.

이처럼 세균에 의한 감염병은 지금도 인간을 괴롭히고 있다. 하지만 과거처럼 엄청난 대유행을 일으킬 만큼의 위력은 꽤 줄어든 편이다. 세균을 죽이거나 성장과 복제를 방해해 억제하는 '항생제'가 개발되었기 때문이다. 물론 감염병이 세균에 의한 것이라는 사실을 몰랐던 2000년 전에도 중국, 이집트, 그리스 등에서는 감염된 상처를 치료하기 위해 곰팡이가 핀 빵을 바르는 민간요법이 있었다. 기원전 1550년에 기록된 파피루스에는 치료법 목록에

곰팡이 빵이 등장한다.

19세기 후반부터 과학자들은 항균 작용이 있는 화학 물질을 관찰하기 시작했다. 독일의 의사였던 파울 에를리히(Paul Ehrlich)는 특정 화학 염료가 세균을 염색할 수 있지만, 인간이나 동물의 세포는 염색하지 않는다는 점에 주목했다. 그는 이를 보고 인간 세포는 해치지 않으면서 세균만을 선택적으로 죽이는 화학 물질을 만드는 것이 가능할지도 모른다는 생각을 떠올렸다.

그는 수많은 실험 끝에 1907년 유기 비소 화합물인 '아르스페나민(arsphenamine)'을 발견했다. 아르스페나민은 매독균을 죽이는 효과가 있어 20세기 초반까지 매독 치료제로 사용되었다. 당시에는 항생제라는 이름이 없었기에 에를리히는 자신의 발견을 '화학 치료법'이라고 불렀다. 질병을 치료하는 데 화학 물질을 사용한다는 뜻이다. 최초의 현대적인 항생제가 시작된 순간이었다.

에를리히의 뒤를 이어 1932년, 독일의 세균학자인 게르하르트 도마크(Gerhard Johannes Paul Domagk)는 '프론토질(Prontosil)'이라는 염료가 연쇄상구균을 죽이는 데 효과가 있다는 것을 발견했다. 그는 바늘에 찔려 패혈증에 걸린 딸에게 프론토질을 주사해 사람에게도 효과가 있다는 사실을 증명했다. 이후 파스퇴르 연구소의 연구팀은 프론토질이 체내에서 대사될 때 생성되는 설파닐아마이드가 항균 작용을 한다는 사실을 밝혀냈다. 이 발견으로 설파닐아마이드를 합성한 항균제인 '설파제'가 개발되었다.

설파제는 세균의 성장과 증식에 필요한 엽산(비타민 B9) 생성을 차단해 세균의 증식을 억제한다. 사람은 엽산을 합성하지 못하므로 설파제의 영향을 받지 않는다. 페니실린(penicillin)이 발견되기 전까지 설파제는 '현대 의학의 기적'으로 불릴 정도로 매우 효과적인 항생제로 광범위하게 사용되며 항생제 혁명의 발판을 마련했다. 설파제는 프랭클린 루스벨트(Franklin Delano Roosevelt) 미국 대통령과 윈스턴 처칠(Sir Winston Leonard Spencer-Churchill) 영국 수상 등을 포함한 수많은 사람의 생명을 구한 것으로 알려져 있다.

본격적인 항생제의 시대를 연 것은 우리가 한 번쯤은 들어봤을 '페니실린'이었다. 페니실린은 세균의 세포벽(펩티도글리칸, peptidoglycan)을 합성하는 효소인

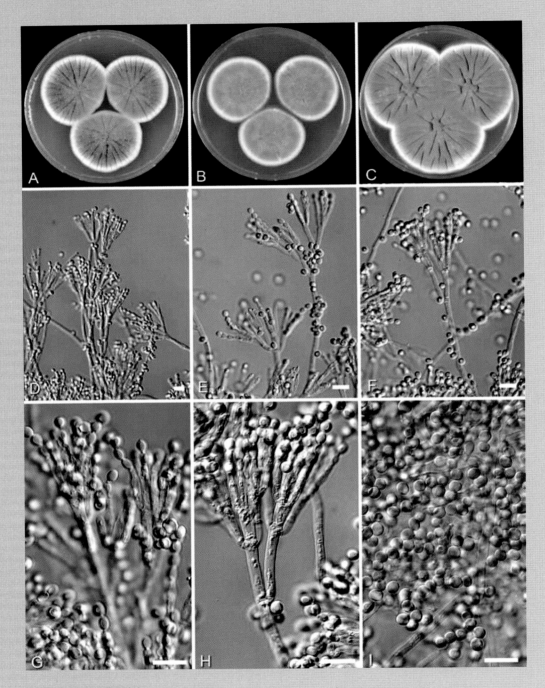

플레밍이 발견한 푸른곰팡이

트랜스펩티다아제(transpeptidases)를 억제한다. 세포벽이 약화된 세균은 삼투압을 조절하지 못해 결국 터져서 죽게 된다.

페니실린은 1928년 영국의 과학자 알렉산더 플레밍(Sir Alexander Fleming)이 푸른곰팡이에서 '우연히' 발견했다. 그는 당시 황색포도상구균이라는 세균을 연구하고 있었는데, 휴가를 떠났다 오니 세균을 배양했던 접시가 푸른곰팡이로 오염되어 있는 것을 발견했다. 그런데 배양 접시를 자세히 보니, 푸른곰팡이 주변에는 세균이 자라지 못한 반면 푸른곰팡이와 멀리 떨어진 곳에는 세균이 잘 자라고 있었다. 이후 플레밍은 연구를 통해 푸른곰팡이에서 항균 물질이 분비된다는 것을 발견하고, 이 물질에 푸른곰팡이에서 분비한 물질이라는 뜻의 페니실린이라는 이름을 붙였다.

그런데 페니실린을 약으로 개발하려면 푸른곰팡이에서 페니실린을 추출해 정제하고, 이를 대량 생산할 수 있어야 했다. 하지만 플레밍은 발견만 했을 뿐, 이 모든 걸 해낼 화학적 배경지식을 가지고 있지 않았다. 페니실린을 단지 실험실에서의 우연한 발견에서 생명을 구하는 약으로 탈바꿈시킨 것은 영국 옥스퍼드 대학에서 연구하던 하워드 플로리(Howard Walter Florey)와 언스트 체인(Sir Ernst Boris Chain)이었다. 이들은 플레밍의 논문을 읽고 페니실린에 대한 연구에 착수해 푸른곰팡이 배양액으로부터 페니실린을 분리하는 데 성공했다. 그리고 쥐와 인간을 대상으로 정제된 페니실린을 주사해 패혈증을 치료했다. 이 연구결과로 페니실린은 주목을 받게 되었으며, 제약회사를 통해 대량 생산까지 성공하게 된다. 페니실린은 제2차 세계대전에서 수많은 사람들의 목숨을 살렸다. 이 때문에 '전염병의 시대가 끝났다'는 섣부른 선언이 나오기도 했다. 플레밍과 플로리, 체인은 이 공로로 1945년 노벨 생리의학상을 수상했다.

페니실린 이후로 스트렙토마이신, 리파마이신, 테트라시클린 등 수많은 항생제가 개발되며 많은 감염병을 치료하고 있다. 하지만 항생제를 사용할수록, 세균은 생존을 위해 항생제에 대한 방어 전략을 개발한다. 기존의 항생제에 내성을 갖는 '항생제 내성균'이 생겨나는 것이다. 이들이 갖고 있는 일부 항생

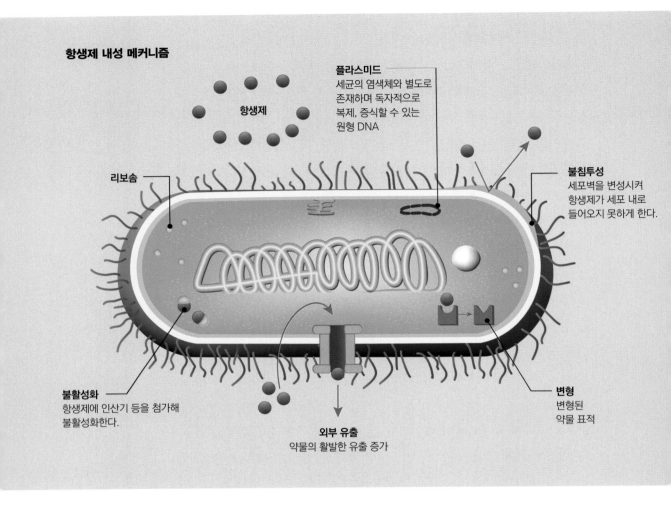

항생제 내성 메커니즘

항생제

플라스미드
세균의 염색체와 별도로
존재하며 독자적으로
복제, 증식할 수 있는
원형 DNA

리보솜

불침투성
세포벽을 변성시켜
항생제가 세포 내로
들어오지 못하게 한다.

불활성화
항생제에 인산기 등을 첨가해
불활성화한다.

외부 유출
약물의 활발한 유출 증가

변형
변형된
약물 표적

제 내성 유전자는 다른 세균에게 전달되기도 한다.

항생제 내성균의 등장은 필연적인 일이기 때문에 항생제는 꼭 필요할 때만 사용해야 한다. 하지만 가벼운 감기에도 항생제를 처방하고, 임의로 항생제를 복용하는 등 항생제 남용으로 기존의 모든 항생제에 내성을 갖는 세균인 '슈퍼박테리아'가 등장했다. 슈퍼박테리아에 감염되면 치료 가능한 항생제가 줄어들거나 심한 경우에는 치료할 항생제가 아예 없는 경우까지 발생한다. 과학자들은 내성균에 대응할 새로운 항생제를 개발하고 있지만, 개발 속도가 너무 더뎌 항생제 내성균의 등장 속도를 따라잡지 못하고 있다.

WHO는 2015년부터 '국제 항생제 내성 감시체계(GLASS)'를 만들어 항생제 내성 세균을 감시하고 있다. 한국에서도 메티실린내성황색포도알균(MRSA), 반코마이신내성황색포도알균(VRSA), 다재내성녹농균(MRPA), 카바페넴내성장내세균속균종(CRE) 등 여섯 종류의 항생제 내성균을 지정해

메티실린내성황색포도알균
(MRSA)

감시하고 있다. 특히 카바페넴은 장내 세균에 의한 감염이 발생했을 때 가장 최후에 사용되는 항생제인데, 이 항생제에 내성이 있는 세균까지 등장해 큰 우려를 낳고 있다.

항생제 내성 문제는 인류에게 큰 위협이다. WHO는 2050년까지 항생제 내성균으로 인해 매년 1천만 명이 사망할 수 있다고 경고하고 있다. 한국도 항생제 남용으로 인한 내성균 감염에서 결코 안전하지 않다. 2019년 기준으로 한국의 항생제 사용량은 경제협력개발기구(OECD) 29개국 중 세 번째로 높다. 또 2019년 분당서울대학병원에서 진행한 〈국내 항생제 내성균 감염에 대한 질병 부담 연구〉에 따르면, 한국에서도 매년 9,000여 명의 슈퍼박테리아 환자가 발생하고 있으며, 약 3,900여 명이 사망하고 있다. 과학자들은 슈퍼박테리아가 인류를 '암흑시대로 되돌릴 위협'이 될 수 있다고 말한다. 이에 WHO는 전 세계 연구소와 협력해 2025년까지 슈퍼박테리아를 잡을 신약을 개발하겠다고 밝혔다.

02

20세기 이후 : 감염병의 주범이 된 바이러스

항생제 개발로 대부분의 세균성 감염병을 치료할 수 있게 된 20세기 이후, 대유행을 일으키며 인류를 괴롭히는 감염병의 주범은 주로 바이러스였다. 특히 독감을 일으키는 인플루엔자(influenza) 바이러스는 계절적 유행뿐 아니라 대유행의 주인공이었다. 1918년 스페인 독감, 1957년 아시아 독감, 1968년 홍콩 독감, 2009년 신종플루까지 인플루엔자 바이러스는 총 네 차례 전 세계적으로 유행하며 많은 희생자를 낳았다. 이중에서도 1918년부터 1920년까지 대유행을 일으켰던 스페인 독감은 역사상 가장 치명적인 인플루엔자 대유행으로 꼽힌다. 미

국에서 처음 보고된 후, 전 세계 약 5천만 명에서 1억 명 정도가 감염되었고, 약 2천만 명에서 1억 명이 사망한 것으로 알려졌다.

인플루엔자 바이러스는 A, B, C, D의 네 가지 유형으로 나뉜다. 이중 A형과 B형 바이러스가 겨울마다 유행해 인간을 감염시킨다. 특히 A형 인플루엔자 바이러스는 네 번의 대유행을 일으킨 악명 높은 주인공이다. A형 인플루엔자 바이러스는 다시 표면에 있는 당단백질인 '헤마글루티닌(H)'과 '뉴라미니다아제(N)'의 조합에 따른 아형으로 구분된다. 헤마글루티닌은 바이러스가 숙주 세포에 결합하고 침투하는 역할을 하며, 뉴라미니다아제는 숙주 세포에서 증식한 바이러스 입자가 세포막을 뚫고 세포 밖으로 나갈 수 있게 도와주는 단백질이다. 18개의 헤마글루티닌과 11개의 뉴라미니다아제가 있으며, 현재 130개 이상의 아형이 발견되었다. 이중 H1N1과 H3N2 바이러스가 계절성 독감을 일으키는 주요 원인이다.

인플루엔자 바이러스가 대유행의 주범이 된 가장 큰 이유는 끊임없이 변이가 일어나기 때문이다. 인플루엔자 바이러스는 RNA를 유전체로 가지고 있어 돌연변이가 자주 일어난다. 이를 '소변이'라 하며, 돌연변이가 축적되면서 새로운 변이 바이러스가 발생해 인간의 면역 체계를 계속 회피한다. 이 때문에 계절성 독감이 유행하고, 독감 백신을 매년 새롭게 맞아야 하는 것이다.

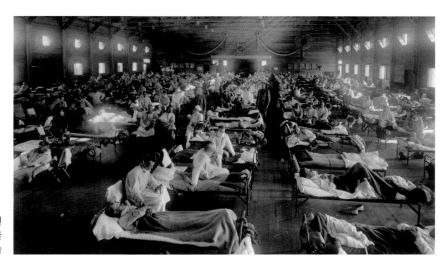

스페인 독감이 유행했던
1918년 미군이 감염된 병사들을
분리해 관리하는 모습

심지어 이보다 더 심각한 '대변이'가 일어날 수도 있다. 인플루엔자 바이러스의 RNA는 8개의 조각으로 나뉘어 있다. 그런데 A형 인플루엔자 바이러스는 사람뿐 아니라 조류나 돼지 등의 포유류도 감염시킨다. 만약 돼지에게 사람과 조류의 A형 인플루엔자 바이러스가 동시에 감염되면, 유전자 재조합이 일어나 기존의 것과 전혀 다른 조합의 새로운 인플루엔자 바이러스가 만들어질 수 있다. 이런 대변이는 예측하기 어려우며, 갑작스럽고 급격하게 새로운 바이러스가 등장하는 것이기 때문에 이에 대한 면역력이 형성되어 있지 않아 전 세계 대유행으로 이어질 수 있다. 2009년 신종플루 대유행을 일으켰던 H1N1 바이러스가 이런 경우로, H1N1 바이러스의 RNA는 북미 돼지, 유라시아 돼지, 인간 및 조류의 유전자 등 5가지 독감 바이러스의 유전자가 섞여 있었다.

인플루엔자 바이러스 외에도 20세기 들어 대유행을 일으키며 인간을 괴롭히고 있는 바이러스에는 인간면역결핍 바이러스(HIV), 에볼라 바이러스 등이 있다. HIV의 경우, HIV가 일으키는 질병인 '에이즈

인플루엔자 바이러스 구조

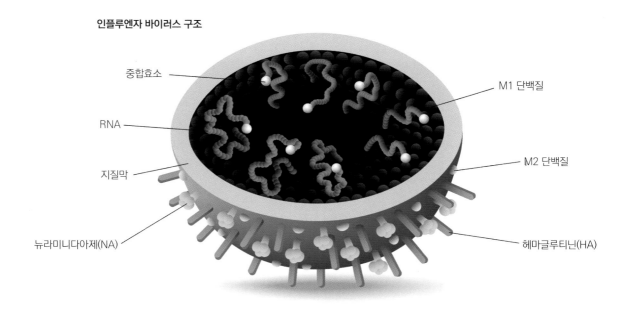

중합효소

RNA

지질막

뉴라미니다아제(NA)

M1 단백질

M2 단백질

헤마글루티닌(HA)

(후천성면역결핍증후군, AIDS)'라는 이름으로 더 잘 알려져 있다. 2018년 한국에서는 영화 〈보헤미안 랩소디〉가 흥행하면서 영화 속 주인공인 영국 밴드 '퀸'의 보컬 프레디 머큐리(Freddie Mercury)가 앓았던 질병으로 관심을 끌었다. 프레디 머큐리는 HIV 감염 진단을 받고 1991년 11월 24일 에이즈에 의한 합병증으로 사망했다. HIV와 에이즈는 머큐리가 살던 1980년대에 처음 발견되어 크게 유행했다.

HIV는 이름 그대로 사람의 면역 체계를 공격해 결핍시키는데, 긴 잠복기를 갖고 있는 것이 특징이다. 처음 HIV에 감염되면 독감과 비슷한 증상을 보이다가 증상이 사라지며 10년 이상의 잠복기를 갖게 된다. 이는 HIV가 '레트로 바이러스'의 일종인 렌티 바이러스에 속하기 때문이다. 레트로 바이러스는 RNA 유전체를 가지며, 유전자로 '역전사효소'와 '삽입효소'라는 효소들을 갖고 있다. 숙주 세포에 감염되면 역전사효소는 바이러스의 RNA 유전체를 상보적인 DNA(cDNA)로 바꾸고, 이 DNA를 삽입효소가 숙주 세포의 염색체에 끼워 넣는다. 숙주 세포는 바이러스의 DNA를 자신의 유전체로 취급해 RNA로 전사하고, 바이러스가 증식하는 데 필요한 단백질을 합성한다.

이때 HIV가 감염시키는 세포는 주로 면역 세포들이며, 그중에서도 보조 T세포(CD4+ T세포)를 감염시킨다. 이때 HIV 치료제를 복용하지 않으면 HIV는 보조 T세포 내에서 증식하며 보조 T세포를 죽이고, 우리 몸의 보조 T세포 숫자는 점점 줄어들게 된다. 보조 T세포는 면역계에 매우 중요한 세포로 다른 면역 세포를 활성화시키는 역할을 하기 때문에, 보조 T세포가 줄어들면 면역 체계가 심각하게 약화된다. 이 단계가 에이즈의 가장 마지막 단계로, 환자는 건강한 사람이라면 걸리지 않을 세균, 바이러스, 균류의 감염으로 인한 합병증(기회감염, 2차감염)으로 사망한다.

HIV는 주로 성 접촉으로 감염되고 전파된다. HIV의 감염에 대한 가장 큰 오해 중 하나가 에이즈는 동성애로 인한 벌이라는 것인데, 처음 HIV에 감염되어 사망한 사람들이 주로 게이였기 때문에 이런 잘못된 낙인이 찍혔다. HIV 감염은 성 정체성과 관계없이, HIV에 감염된 사람과 성관계를 할 때 일

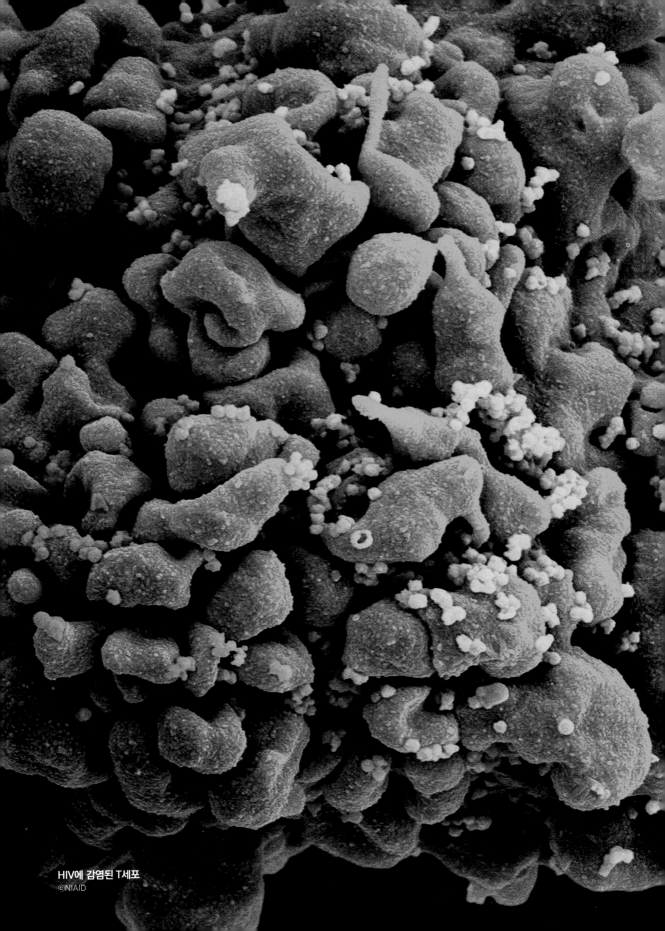

HIV에 감염된 T세포
©NIAID

어난다. 이외에도 감염자의 혈액을 수혈받거나 감염된 산모로부터 태어 난 아이에게도 전파될 수 있다. 또 다른 편견이 HIV 환자와의 일상 접촉 을 꺼리는 것인데, HIV는 일상 접촉으로는 감염되지 않는다. 감염된 사 람과 식사를 같이 하거나, 화장실을 같이 쓰거나, 목욕탕을 같이 사용해 도 HIV에 감염되지 않는다.

그렇다면 HIV는 언제 어디에서 시작되었을까. 많은 것이 모르는 상태로 남아 있지만, 과학자들은 1930년대 서아프리카의 원숭이면역결핍 바이러 스(SIV)로부터 HIV가 유래했으며, 영장류 사냥을 통해 인간에게 전파된 것 으로 추정하고 있다. 이후 수십 년간 HIV는 아프리카와 전 세계로 퍼졌지 만, 아무도 이 바이러스와 질병에 대해 알지 못하다가 1980년대 초반이 되 어서야 발견되었다. WHO에 따르면 지금까지 약 3,630만 명이 에이즈로 목숨을 잃었으며, 2020년 말 기준으로 현재 약 3,770만 명이 HIV에 감염 되어 살고 있는 것으로 나타났다.

에볼라 바이러스는 아프리카에서 대유행을 일으킨 바이러스다. 1976 년 콩고민주공화국의 에볼라강 근처에서 처음 발견된 이후, 아프리카 여 러 나라로 퍼져 나갔다. 가장 큰 발병은 2014년부터 2016년까지 서아프 리카 기니, 라이베리아, 시에라리온 등에서 일어난 대유행으로, WHO가 국제적 공중보건 비상사태를 선포했고 40%의 치사율로 1만 1,323명의 사망자가 나왔다.

지금까지 총 6종의 에볼라 바이러스가 발견되었는데, 이중 자이르 에볼라 바이러스, 수단 에볼라 바이러스, 타이 포레스트 에볼라 바이러스, 분디부교 에볼라 바이러스의 4종만이 사람에게 감염된다. 에볼라 바이러스의 천연 숙 주로 알려진 과일박쥐나 에볼라 바이러스에 감염된 영장류, 또는 에볼라로 사망한 사람의 혈액이나 체액(소변, 대변, 타액, 땀 등)과 직접 접촉했을 경우 감염될 수 있다. 1976년 첫 발병 당시에는 오염된 바늘의 재사용, 감염된 혈액과의 접 촉 등이 초기 발병의 원인으로 꼽혔다. 워낙 의료 환경이 열악해 간호사들이 하루에 300~600명의 환자에게 주사기 5개를 돌려 사용했던 것이다. 2014년

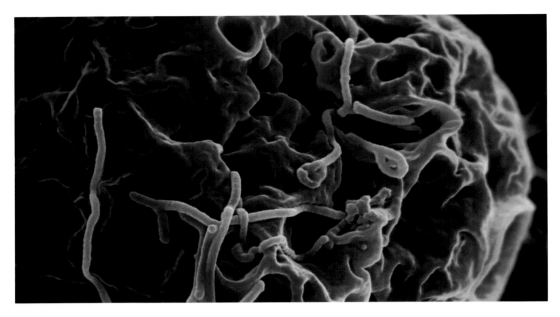

에볼라 바이러스
©NIAID

서아프리카 발병 때는 대부분 가족 구성원 사이에서 바이러스 전파가 일어났다. 아프리카에는 시신을 직접 만지는 장례식 전통이 있어 이 과정에서 바이러스가 감염된 것이다.

에볼라 바이러스에 감염되면 2~21일의 잠복기를 거쳐 열, 두통, 피로 등의 증상이 나타난다. 이어 설사, 구토, 복통과 잇몸 출혈, 대장 출혈 등으로 이어져 사망에 이를 수 있다. 특히 자이르 에볼라 바이러스는 약 83%의 어마어마한 치사율을 보였다.

세균보다 바이러스 퇴치가 어려운 이유는 항생제와 다르게 바이러스 치료제, 즉 항 바이러스제를 만들기가 까다롭기 때문이다. 게다가 항생제는 하나를 개발하면 보통 여러 종류의 세균에 광범위하게 사용 가능하지만, 항 바이러스제는 몇몇 특정 바이러스에만 효과가 있다. 또 세균에 비해 돌연변이 발생률이 높고 속도도 빨라 내성이 생길 위험도 더 높다. 무엇보다 바이러스는 사람 세포에 들어가 증식하기 때문에 세포에는 영향을 주지 않으면서 바이러스만 죽이는 약을 개발하기가 쉽지 않다. 그래서 지금까지 개발된 항 바

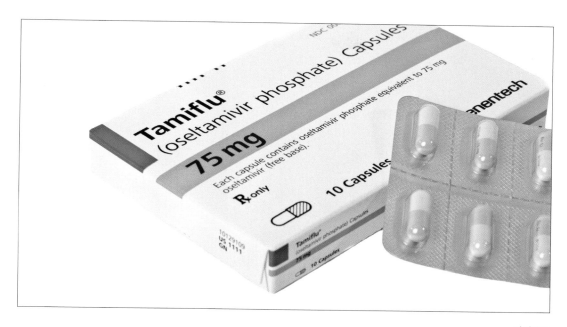

타미플루

이러스제는 바이러스를 직접 죽이는 것이 아니라 바이러스의 침입이나 증식 단계를 억제하는 약이다.

예를 들어 독감 치료제로 유명한 '타미플루(오셀타미비르)'는 뉴라미니다아제 억제제로, 인플루엔자 바이러스가 조립된 후 숙주 세포에서 빠져나오지 못하게 막는 역할을 한다. 에이즈 치료제는 HIV 증식 과정의 단계마다 작용하는 여러 종류의 항 바이러스제로 개발되었다. HIV의 역전사 과정이 일어나지 못하도록 하는 역전사효소 억제제, 숙주 세포의 DNA에 끼어들어가지 못하도록 하는 삽입효소 억제제, 바이러스의 단백질 효소를 억제하는 프로테아제 억제제 등이 있다. 이중 세 가지 이상을 조합해 '칵테일 요법'으로 치료한다. 칵테일 요법은 감염 자체를 치료할 수는 없지만, 체내에서 바이러스의 복제를 성공적으로 억제할 수 있어 현재 에이즈는 관리 가능한 만성 질환으로 되어가는 추세다. 에볼라 치료제로는 2020년 12월 미국 식품의약국(FDA)에 의해 승인된 '인마제브'와 '에방가'가 있다. 이들은 자이르 에볼라 바이러스가 숙주 세포 수용체에 부착되지 못하게 방해하는 항체 치료제로 개발되었다.

INFECTION

02

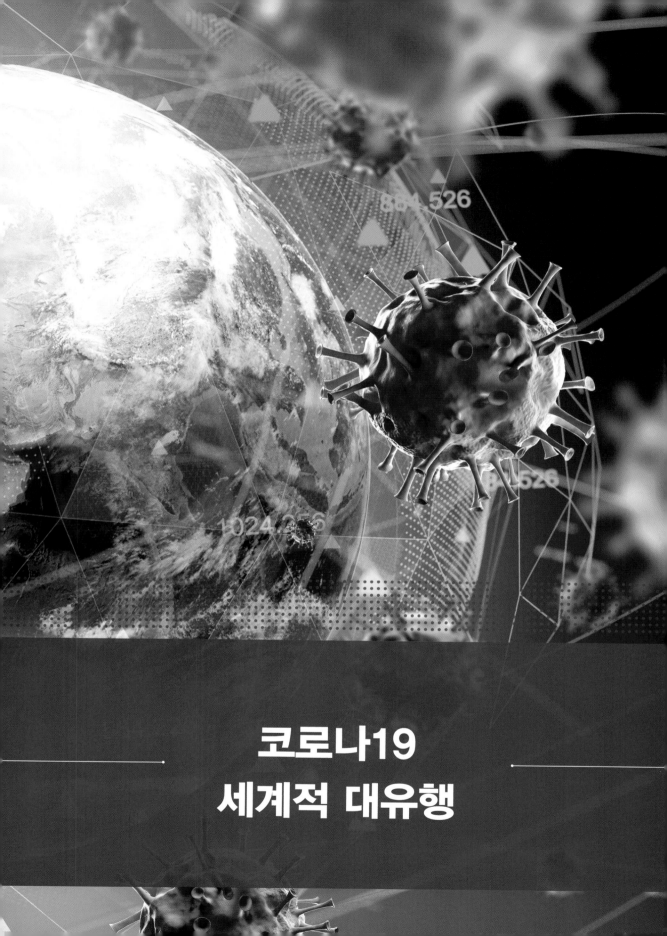

코로나19
세계적 대유행

인플루엔자 바이러스, HIV, 에볼라 바이러스 등에 이어 21세기 인류를 괴롭히고 있는 주인공은 '코로나바이러스'다. 코로나바이러스는 포유류와 조류에 질병을 일으키는 바이러스 집단을 통칭한다. 전자현미경으로 바이러스를 관찰하면 바이러스 표면에 막대기 모양의 스파이크 단백질이 박혀 있는 것을 볼 수 있는데, 이 모양이 왕관처럼 보인다고 해서 라틴어로 왕관이라는 뜻의 '코로나'라는 이름이 붙었다.

1920년대 말 북아메리카 지역에서 닭에게 급성 호흡기 감염을 일

으키는 원인으로 처음 발견된 것을 시작으로, 지금까지 총 45종의 코로나바이러스가 있는 것으로 확인되었다. 이들은 알파, 베타, 감마, 델타 코로나바이러스의 4개 속으로 나뉘고, 베타 바이러스는 다시 엠베코 바이러스, 사베코 바이러스, 메르베코 바이러스, 노베코 바이러스, 하이베코 바이러스 등으로 나뉜다. 박쥐와 설치류 등 포유동물이 알파와 베타 코로나바이러스에 감염되며, 조류는 감마와 델타 코로나바이러스에 감염되는 것으로 알려져 있다. 벨루가나 큰돌고래와 같은 일부 고래들은 감마 코로나바이러스에도 감염될 수 있다는 것이 보고되었다.

사람을 감염시키는 코로나바이러스는 1960년대부터 지금까지 총 7종이 발견되었으며, 이들은 모두 알파와 베타 코로나바이러스에 속한다. 'HCoV-229E'와 'HCoV-NL63'은 알파 코로나바이러스에, 'HCoV-OC43', 'HCoV-HKU1', 사스 코로나바이러스(SARS-CoV-1), 메르스 코로나바이러스(MERS-CoV), 그리고 코로나19 바이러스(SARS-CoV-2)는 베타 코로나바이러스에 속한다.

이중 HCoV-229E, HCoV-NL63, HCoV-OC43, HCoV-HKU1의 4종은 가벼운 호흡기 증상을 나타내는 흔한 감기 바이러스다. 보통 겨울에 유행하며, 감기의 원인이 되는 바이러스 중 10~15%를 차지한다. 하지만 나머지 세 종, 사스 코로나바이러스, 메르스 코로나바이러스, 코로나19 바이러스는 감염되면 심각한 질병을 일으킨다.

21세기 초까지만 해도, 흔한 감기 바이러스에 불과했던 코로나바이러스가 심한 독성과 빠른 전파력을 가진 바이러스로 진화할 것이라고는 누구도 예상하지 못했다. 시작은 2002년 11월, 중국 광둥성에서 사스 코로나바이러스가 발견되면서부터였다. 사스(SARS, 중증급성호흡기증후군)는 코로나바이러스가 일으킨 최초의 치명적인 감염병이었다. 사스에 감염되면 2~7일간의 잠복기를 거쳐 38도 이상의 고열이 나고, 심한 경우 호흡 곤란이나 폐렴으로 진행되었다. 치사율은 9~10%지만, 60세 이상의 치사율은 50%에 육박했다.

사스는 발병이 보고된 지 수개월 만에 홍콩, 싱가포르, 캐나다 등 전 세계 29개 국가로 확산되었다. WHO의 통계에 따르면, 2002년과 2003년 사이 전 세계에서 총 8,908명이 사스 바이러스에 감염되었고, 774명이 사망했다. 한국에서도 감염자가 발생했지만 단 3명뿐이었고 사망자는 없었다. 다행히 2003년 7월 이후로 더 이상 신규 확진자가 나오지 않아 유행은 종식되었다.

하지만 코로나바이러스의 공격은 시작에 불과했다. 2012년 4월, 사우디아라비아에서 메르스(MERS, 중동호흡기증후군) 바이러스가 발견되었다. 메르스 바이러스는 낙타와 접촉하거나 메르스 바이러스에 감염된 사람과 접촉하는 경우 감염되었다. 전파력이 세지는 않았지만 치사율이 30% 정도로 높았다. 다른 나라에서도 산발적으로 보고되었는데, 대부분은 사우디아라비아를 중심으로 퍼져 한국에서는 잘 알려져 있지 않았다.

그런데 2015년, 한국에서 대규모 감염 사태가 일어났다. 중동을 방문했다가 귀국한 감염자에 의해 184명이 메르스 바이러스에 감염되고, 38명이 메르스로 사망한 것이다. 다만 한국에서의 메르스 발병은 지역 사회 감염이 아니라, 미흡한 초기 대응으로 일어난 의료 시설 내의 집단 감염이었다. 현재 메르스 바이러스는 중동 지역에서만 간헐적으로 감염이 보고되고 있다.

그리고 2019년 말, 21세기 최악의 세계적 대유행(팬데믹)을 일으킨 코로나19 바이러스가 나타났다. 2019년 12월 중국 후베이성 우한에서 첫 환자가 보고된 이후, 기하급수적으로 감염자가 늘기 시작했다. 증상은 보통의 호흡기 질환과 비슷했다. 발열과 기침, 심해지면 호흡 곤란과 폐렴으로 진행되었고 사망에 이르렀다.

2020년 1월, WHO는 중국발 폐렴의 원인이 신종 코로나바이러스(2019-nCoV)라고 발표했다. 과학자들은 염기서열 분석을 통해 신종 코로나바이러스가 사스 코로나바이러스와 유전체가 79% 일치한다는 것을 알아내고 신종 코로나바이러스를 '코로나19 바이러스(SARS-CoV-2)'로, 이 바이러스가 일으키는 질병을 '코로나19(COVID-19)'라고 이름 붙였다.

3개월도 되지 않아 코로나19는 전 세계로 퍼졌다. 코로나19가 걷잡을 수 없이 확산되자 2020년 3월 11일 WHO는 코로나19에 세계적 대유행을 선언했다. WHO는 감염병 위험 수준과 확산 정도를 기준으로 1~6단계의 경보 단계를 두고 있는데, 세계적 대유행은 최고 위험 등급인 6단계에 해당한다.

코로나19 세계적 대유행은 3년이 넘도록 현재 진행 중이다. 2022년 9월 10일 기준 전 세계 코로나 확진자 수는 약 6억 명, 사망자 수는 약 650만 명을 넘었다. 유례없는 감염병의 위력은 당연했던 일상을 달라지게 했다. 마스크 착용은 필수가 되었고, 사회적 거리두기로 모임, 여행 등이 줄어들고 화상 회의, 배달 음식 등의 비대면이 일상이 되었다. 미국과 유럽 등의 국가는 하루 몇 만 명의 확진자가 발생해 국가 봉쇄에 들어가기도 했다. 이 파트에서는 우리 일상의 모든 것을 달라지게 한 코로나19 바이러스와 코로나19에 관해 과학이 밝혀낸 사실들을 알아본다.

01 | 코로나19 바이러스, 어디서 왔을까

코로나바이러스는 기원전 8000년경에 처음 나타난 것으로 추정된다. 알파 코로나바이러스는 기원전 2400년 경, 베타 코로나바이러스는 기원전 3300년 경, 감마 코로나바이러스는 기원전 2800년 경, 델타 바이러스는 약 3000년경에 갈라져 나왔을 것으로 보인다. 특히 박쥐와 조류는 코로나바이러스의 '자연 숙주'로 알려져 있다. 자연 숙주는 감염병의 병원체가 장기간 머무는 숙주로, 병원체가 옮기는 질병에 걸리지 않거나 치명적이지 않은

증상을 보이는 경우가 많다. 수많은 코로나바이러스가 박쥐와 조류의 몸속에서 오랜 시간 동안 함께 진화하며 다른 동물에게 전파되었다.

박쥐에서 사람으로 코로나바이러스가 전파된 것은 비교적 최근의 일이다. 사람에게 감염되는 코로나바이러스 중 HCoV-NL63은 1190년에서 1449년 사이에, HCoV-229E는 1686년에서 1800년 사이에 박쥐에서 유래되었을 것으로 추정된다. HCoV-OC43은 18세기 후반에 소의 코로나바이러스에서, HCoV-HKU1은 설치류에서 기원한 것으로 보인다. 메르스 코로나바이러스는 1990년대 중반에 낙타에 퍼지고, 2010년대 초반에 낙타에서 인간으로 퍼진 것으로 알려져 있다. 사스 코로나바이러스는 1986년에 박쥐에서 사향고양이로 옮겨진 뒤 인간에게 전파된 것으로 추정된다.

그렇다면 코로나19 바이러스는 어디서 왔을까. 코로나19 바이러스가 발견된 지 2년이 넘었음에도 바이러스의 진화 역사, 기원, 최초의 감염 장소 등에 대해서 아직도 명확히 밝혀지지 않았다. 여러 가설이 등장했지만, 확실한 것은 없다.

가장 유력한 것은 박쥐에서 중간 숙주를 거쳐 인간에게 옮겨졌을 것이라는 가설이다. 2021년 초 우한에 파견된 WHO 조사팀의 1차 보고서를 비롯해 많은 과학자가 이 가설에 동의하고 있다. 코로나19 바이러스의 유전체가 여러 종류의 코로나바이러스 유전자의 재조합으로 이루어져 있다는 것이 그 증거다. 실제로 코로나바이러스는 재조합이 자주 일어난다. 서로 다른 종의 코로나바이러스를 갖고 있는 동물이 밀접하게 접촉해 바이러스를 교환하게 되면 유전자 재조합이 일어나 새로운 바이러스가 만들어질 수 있다. 코로나19 바이러스도 여러 번의 재조합을 거쳐 인간 세포를 쉽게 감염

박쥐가 거래되는
중국의 야생 동물 시장

중국 중간관박쥐

시킬 수 있도록 진화했다는 것이다.

코로나19 바이러스와 유전적으로 가깝다고 알려진 바이러스에는 박쥐와 천산갑 바이러스들이 있다. 이중 2013년 중국 윈난성 중간관박쥐(*Rhinolophus affinis*)에서 발견된 코로나바이러스인 'RaTG13' 바이러스는 전체 유전체 서열이 코로나19 바이러스와 96.1% 일치한다. 2020년 7월 영국과 미국, 중국 국제 공동 연구팀은 두 바이러스가 40~70년 전에 공통 조상에서 갈라져 나왔을 것이라는 연구 결과를 〈네이처 미생물학〉에 발표했다.

2021년 9월에는 라오스에서 RaTG13 바이러스보다 유전적으로 조금 더 가까운 박쥐 코로나바이러스가 발견되었다. 관박쥐에서 코로나19 바이러스의 유전자 서열과 95% 이상 일치하는 바이러스 3종이 발견된 것이다. 이중 'BANAL-52' 바이러스는 코로나19 바이러스와 최대 96.8% 일치했다. 또 'BANAL-236' 바이러스는 RaTG13 바이러스보다 코로나19 바이러스와 수용체 결합 부위가 더 비슷했고, 실제 실험을 통해 인간 세포의 수용체를 가진 세포를 쉽게 감염시킬 수 있는 것으로 나타났다. 이를 토대로 과학자들은 박쥐의 코로나바이러스가 중간 숙주 동물을 거쳐 유전적 변이가 일어나 사람에게로 전파되었을 것으로 보고 있다. 다만 아직 중간 숙주의 역할을 했을 동물이 무엇인지 찾지 못했다. 천산갑, 족제비오소리, 토끼 등이 지목되었지만 여전히 유력한 중간 숙주가 나타나지 않고 있는 상태다.

실험실 유출 가설은 코로나19 기원에 관한 연구를 과학에서 정치로 변질되도록 만들었다. 이 가설은 미국과 중국의 정치적인 긴장과 함께 매우 뜨거운 관심을 받았다. 코로나19 발병 초기, 미국의 도널드 트럼프(Donald John Trump) 전 대통령을 비롯한 일부 정치인과 언론은 전례 없는 감염력을 이유로 바이러스가 인위적으로 만들어졌다고 주장했다. 2020년 9월, 옌리멍(閻麗夢) 전 홍콩 대학 연구원이 한 논문 공유 사이트에 코로나19 바이러스가 중국 우한의 군사연구소에서 군사적 목적으로 만들어진 인공 바이러스라는 논문을 공개하면서 논란은 더 가열되었다. 그는 코로나19 바이러스가 염기서열이 87% 비슷한 다른 박쥐 바이러스(ZC45와 ZXC21)를 뼈대로, 스파이크 단백질에 감염력을 높인 서열을 삽입해 만들어진 것이라고 주장했다.

해당 논문은 높은 조회수를 기록했지만 주장을 뒷받침할 과학적 데이터를 제시하지 못했고, 동료 평가를 거치지도 않았기 때문에 과학계에서는 큰 관심을 받지 못했다. 과학자들은 국제학술지 〈랜싯(Lancet)〉 2020년 3월 7일 자에 코로나19 바이러스 조작설이 근거 없는 허위라는 공동 성명서를 발표했다. 과학자들은 감염이 잘 되도록 단백질의 구조를 예측해 바이러스를 만드는 것이 불가능에 가깝다고 말한다.

그런데 음모론으로 일축되었던 실험실 유출 가설이 2021년 다시 수면 위로 떠올랐다. 코로나19 바이러스가 중국 우한 바이러스연구소에서 사고로 유출되었다는 것이다. 이 가설이 탄력을 받은 데는 여러 복합적인 이유가 있었다. 우선 WHO의 조사 보고서가 코로나19 발생 후 1년이 지난 뒤에야 조사가 이루어졌으며, 중국 정부가 연구에 필요한 정보를 충분히 제공하지 않았다는 이유로 국제 사회의 신뢰를 얻지 못했다. 자연 기원설을 뒷받침할 중간 숙주의 존재도 계속 미궁에 빠져 있었다. 게다가 2015년 우한 바이러스연구소에서 박쥐 코로나바이러스로 키메라 바이러스를 만드는 연구를 했다는 사실이 알려졌다. 여론이 악화되자 WHO는 2021년 7월 추가 조사를 진행하기로 결정하고 중국 정부에 협조를 요청했지만, 중국이 이를 거부하면서 국제 사회의 불신은 더욱 커졌다. 이에 미국의 조 바이든(Joseph Robinette Biden Jr.) 대통령은 중국의 비협조적인 태도를 비판하며 미국 정보당국에게 코로나19 바이러스가 동물로부터 유래한 것인지, 실험실 사고에 의해 발생한 것인지 직접 조사하라고 지시했다.

2021년 8월, 미국 국가정보국(DNI)은 이에 대한 보고서를 공개했으나 역시 명확한 결론에 도달하지 못했다. 조사에 참여한 미국의 18개 정보기관은 코로나19 바이러스가 생물학 무기로 개발되었을 가능성이 낮다는 데에는 의견을 모았지만, 우한 바이러스연구소에서 유출되었는지 혹은 자연적으로 발생했는지에 대해서는 입장이 갈렸다.

호주, 영국, 미국 등 전 세계 생명과학자 21명은 국제학술지 〈셀〉 2021년 9월 16일 자에 우한 바이러스연구소 유출설에 대한 리뷰 논문을 발표했다. 연구팀은 코로나19 바이러스의 기원에 대한 기존의 과학적 증거를 검토하면서, 현재 압도적으로 가능성이 높은 것은 동물에서 인간으로부터의 자연전파라고 결론지었다. 실험실 유출 사고를 완전히 무시할 수는 없지만, 이에 대한 증거가 전혀 없다는 점을 강조했다. 우한 바이러스연구소는 코로나19 바이러스에 가까운 그 어떤 바이러스도 연구하지 않았으며, 오히려 사스 바이러스와 더 밀접한 관련이 있는 바이러스들을 연구하고 있었다는 것이다.

2021년 11월 18일에는 마이클 워로비(Michael Worobey) 미국 애리조나 대학 생태 및 진화생물학부 교수가 중국 우한의 화난 수산시장에서 일하던 상인이 첫 번째 코로나19 환자라는 분석 결과를 국제학술지 〈사이언스(Science)〉에 발표했다. WHO가 보고한 첫 번째 코로나19 바이러스 감염자는 화난시장에서 30km 떨어져 있는 곳에 사는 '천'이라는 성의 41세 회계사였다. 워로비 교수는 지금까지 공개된 논문과 언론 보도, 초기 환자들의 인터뷰 내용 등을 토대로 재구성한 결과, 코로나19 최초의 환자는 2019년 12월 11일 증상이 발현된 '웨이구이샨'이라는 여성이라고 주장했다. 또 초기 확진자 19명 중 10명이 화난시장과 관련 있었다며 야생 동물 시장이 코로나19 기원의 가장 강력한 증거라고 말했다.

화난 수산시장은 코로나19의 최초 집단 감염이 발생했던 곳으로, 줄곧 코로나19의 발원지로 지목되어 왔다. 화난 수산시장을 포함한 우한 내의 시장에서 38종에 이르는 살아 있는 야생 동물이 4만 8천 마리나 판매되고 있었기 때문이다. 이곳은 비좁고 비위생적이라 바이러스가 확산되기에 완벽한 조건이었으며, 거래되고 있는 동물들 중에는 사향고양이와 밍크, 오소리, 너구리 등 사스 바이러스나 코로나19 바이러스 감염에 취약한 동물들이 다수 포함되어 있었다.

워로비 교수는 스크립스연구소 연구팀과 함께 2022년 7월 26일 자 국제학술지 〈사이언스〉에 화난 수산시장에서 코로나19가 발생했다는 가설을 강력하게 뒷받침하는 추가 논문을 발표했다. 연구팀은 우한에서 발생한 코로나19 초기 환자들의 광범위한 데이터를 분석해 초기 코로나19 감염은 화난 수산시장 근처를 중심으로 몰려 있었다는 연구 결과를 발표했다. 초기 코로나19 환자의 가장 큰 수수께끼는 코로나19 감염으로 입원한 환자들 중, 화난 수산시장과 직접적으로 관련이 있는 환자는 50여 명에 불과했다는 것이다. 환자 대부분은 시장 상인도, 다녀간 손님도 아니었다. 연구팀은 2019년 12월 우한에서 보고된 코로나 환자 155명의 주거지와 화난 수산시장과의 거리를 비교했다. 그 결과, 거대한 우한시에서 초기 코로나19 환자의 거주지는 화난 시장을 중심으로 몇 블록 내에 몰려 있었다. 시장과 관련 없다고 생각했던 120명의 환자들은 시장 근처에 살고 있었다. 연구팀은 시장 상인들이 먼저 감염된 후 주변 지역 사회 구성원을 감염시켰다는

뜻이라며, 화난 시장이 코로나19의 진원지라는 것을 보여 준다고 주장했다.

물론 이 연구 결과가 화난 수산시장이 코로나19의 발원지라는 점을 완벽히 뒷받침하는 것은 아니다. 일부 과학자들은 시장이 발원지가 아니라 증폭지였을 수도 있다고 말한다. 또 연구팀은 이 연구에서 여전히 인간에게 바이러스를 퍼뜨린 중간 숙주 동물을 찾아내지 못했다. 연구에 참여한 크리스티안 앤더슨(Christian Anderson) 스크립스연구소 연구원은 너구리가 중간 숙주일 수 있다고 추정했다. 코로나19 초기 양성 샘플이 나온 곳은 시장 남서쪽에 몰려 있었는데, 그곳은 너구리가 판매되고 있던 곳이었다. 더 확실한 결과를 위해서는 사람과 화난 수산시장의 야생 동물로부터 더 많은 데이터를 수집해야 한다.

신종 바이러스의 기원을 찾는 일은 매우 중요하다. 전파 경로를 알게 되면 그 과정을 차단할 방법을 알 수 있고, 앞으로 다른 신종 바이러스가 출현할 때를 대비할 수 있기 때문이다. 연구에 참여한 에드워드 홈즈(Edward Charles Holmes) 호주 시드니 대학 교수는 "지금 우리가 집중해야 할 것은 이러한 사건이 다시는 일어나지 않도록 하는 것"이라고 말했다.

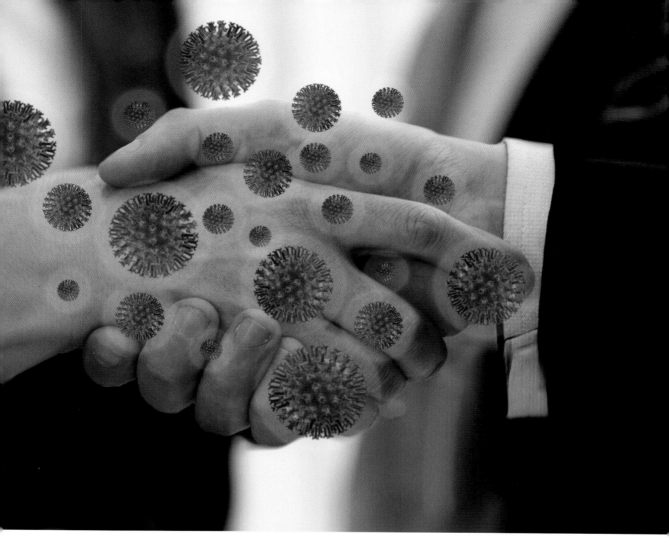

02 | 코로나19 바이러스의 감염 경로: 비말, 에어로졸, 접촉

바이러스의 전파 경로는 다양하다. 에이즈(AIDS)를 일으키는 인간면역결핍 바이러스(HIV)의 경우 수혈이나 성관계로 감염되고, 지카 바이러스는 숲모기에게 물려 감염된다. 인플루엔자 바이러스는 비말을 통해서 전염된다.

미국 질병통제예방센터(CDC)는 코로나19 바이러스의 주요 전파 경로로 세 가지를 꼽고 있다. 가장 흔한 것은 비말 감염이다. 감염자가 말하거나, 기침 혹은 재채기를 할 때 튀어나오는 물방울을 '비말'이라고 하는데, 이 비말이 다른 사람의 코나 입 등으로 들어가 감염되는 것이다. 보통 5μm(마이크로미터) 이상의 입자를 비말이라고 하고, 이보다 작은 것은 '에어로졸(공기)'이라고 한다. 한 번 기침을 할 때마다 약 3,000개의 비말이 전방 2m 내로 퍼진다. 사회적 거리두기의 기준이 2m인 이유가 여기에 있다.

하지만 먼 거리에서의 감염, 격리된 상태에서의 감염 등 비말만으로는 설명할 수 없는 감염 사례들이 늘어나기 시작하면서 에어로졸 전파에 대한 논란이 뜨거워졌다. 많은 과학자는 코로나19 바이러스가 에어로졸 상태로 공기 중에 머물면서 최대 7~8m의 먼 거리까지 퍼질 수 있다는 연구 결과를 내놓으며 방역 지침을 수정해야 한다고 주장했다. 지금까지 공기로도 전파된다고 알려진 바이러스는 홍역, 수두, 천연두, 결핵 정도다.

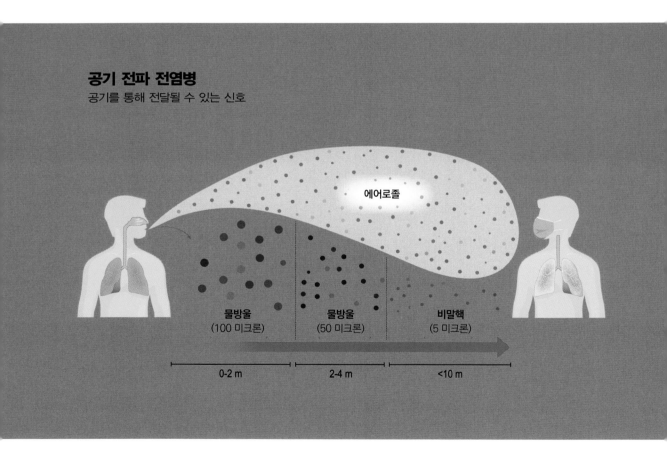

공기 전파 전염병
공기를 통해 전달될 수 있는 신호

에어로졸

물방울
(100 미크론)

물방울
(50 미크론)

비말핵
(5 미크론)

0-2 m   2-4 m   <10 m

결국 2021년 4월 미국 CDC는 공기 전파를 코로나19의 주요 전파 경로로 인정했다. CDC는 감염자와 밀폐된 실내에서 15분 이상 함께 있는 경우, 에어로졸이 축적되어 감염 위험이 증가할 수 있다며 지속적인 환기가 필요하다고 설명했다.

마지막은 접촉 감염이다. 코로나19 바이러스는 손잡이나 핸드폰 같은 물체에 일정시간 살아 있는 상태로 존재할 수 있다고 알려져 있다. 이렇게 바이러스가 묻은 물체에 접촉한 뒤 그 손으로 눈이나 코, 입을 만지면 감염이 될 수 있다. 다만 코로나19 바이러스는 스테인리스, 플라스틱, 유리와 같은 일반적인 물체의 표면에서 3일 이내에 99% 사라진다고 알려져 있어 표면 접촉을 통해 감염이 될 가능성은 매우 낮다.

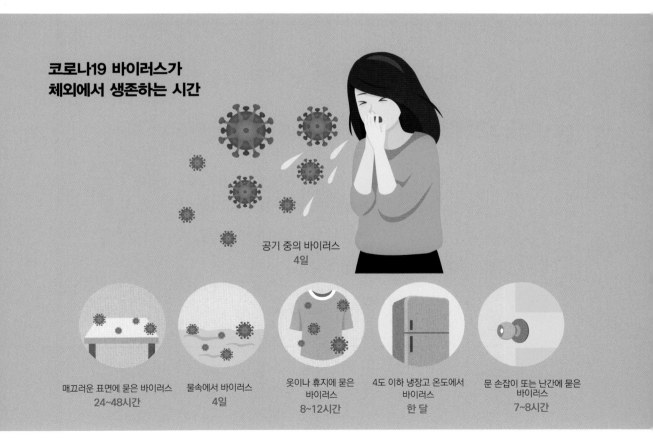

코로나19 바이러스가
체외에서 생존하는 시간

공기 중의 바이러스
4일

매끄러운 표면에 묻은 바이러스
24~48시간

물속에서 바이러스
4일

옷이나 휴지에 묻은
바이러스
8~12시간

4도 이하 냉장고 온도에서
바이러스
한 달

문 손잡이 또는 난간에 묻은
바이러스
7~8시간

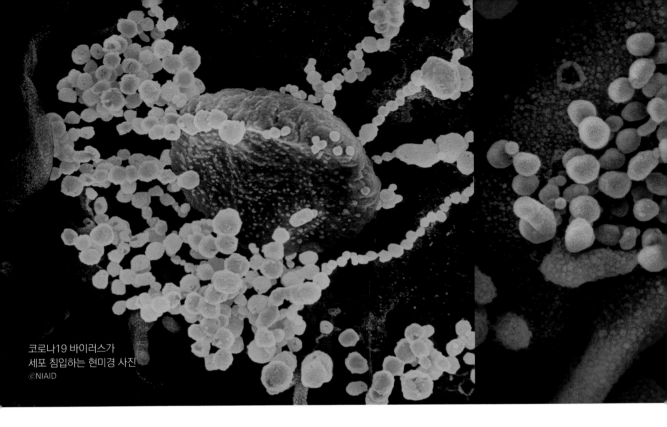

코로나19 바이러스가
세포 침입하는 현미경 사진
ⓒNIAID

03

코로나19 바이러스의 침입과 증식 과정

호흡기로 유입된 코로나19 바이러스는 코 안의 섬모 상피 세포에서 세포 내로 침투할 준비를 시작한다. 섬모 상피 세포의 세포막에는 안지오텐신 전환효소2(ACE2) 수용체라는 단백질이 있다.

원래 ACE2 수용체는 혈압과 염증 반응을 조절하는 데 필요한 중요한 단백질이다. 그런데 이 단백질이 코로나19 바이러스를 만나면 안타깝게도 코로나19 바이러스 침입의 관문이 된다. 코로나19 바이러스 표면에 있는 스파이크 단백질이 ACE2 수용체와 결합하고, 'TMPRSS2'라는 단백질 가위가 스파이크 단백질을 자르면 바이러스 입자 내부에 있던 유전체가 세포 안으로 들어가게 된다.

세포 내로 들어간 코로나19 바이러스는 숙주 세포의 단백질 합성 시스템을 이용해 자신의 유전체를 복제한다. 코로나19 바이러스의 유전체는 한 가닥의 RNA로,

3만 개 이상의 염기로 이루어져 있어 RNA 바이러스 중 크기가 가장 크다.

코로나19 바이러스의 유전체는 크게 비구조 단백질과 구조 단백질을 암호화하는 유전자로 나뉜다. 비구조 단백질에는 바이러스 유전체를 복제하는 RNA 중합효소, 숙주 세포의 면역 반응을 피하도록 만드는 단백질 절단효소, 복제 과정 중 오류를 교정하는 교정효소 등이 있어 숙주 세포 안에서 바이러스를 복제하는 역할을 한다. 구조 단백질은 바이러스 모양을 만들고 바이러스 유전체를 포장하는 껍질을 만든다. 스파이크 단백질과 바이러스 외피 단백질, 막 단백질, 유전체를 둘러싸는 뉴클레오캡시드 단백질 등이 이에 해당된다. 복제된 유전체는 구조 단백질들과 함께 하나의 바이러스 입자로 조립된 뒤 세포 밖으로 배출되며, 또 다른 세포를 감염시킨다.

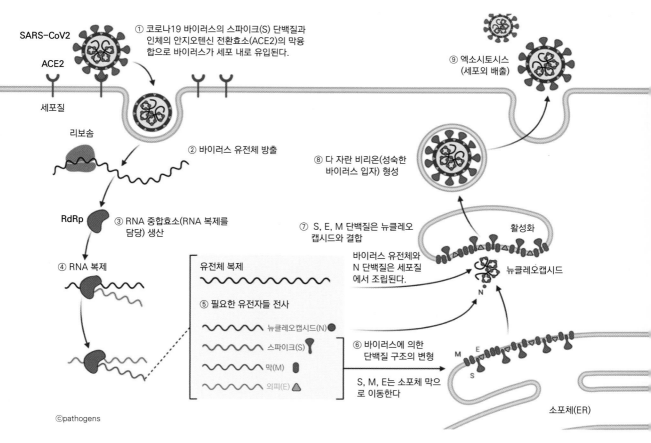

04

코로나19 바이러스의
유례없는 감염력의 이유:
스파이크 단백질의 변화

코로나19 바이러스는 사스 코로나바이러스와 같은 경로, 즉 스파이크 단백질과 ACE2 수용체의 상호 작용으로 인체 내에 침투한다. 그런데 사스 코로나바이러스와 달리 코로나19 바이러스가 '세계적 대유행'이 될 정도로 강력한 감염력을 갖게 된 이유는 무엇일까. 과학자들은 스파이크 단백질에서 그 이유를 찾았다.

코로나바이러스 입자에는 평균 74개의 스파이크 단백질이 있다. 스파이크 단백질은 약

20nm(나노미터) 정도의 크기이고, 세 개의 단백질이 모여 삼지창 모양을 하고 있다. 그리고 크게 S1 영역과 S2 영역으로 나눌 수 있다. S1 영역은 수용체 결합 영역(RBD)을 가지고 있는 스파이크의 머리 부분이다. S2 영역은 바이러스 입자에 스파이크 단백질을 고정하는 부분이다.

미국 텍사스 대학과 국립알레르기감염병연구소(NIAID) 공동 연구팀은 극저온 전자현미경으로 코로나19 바이러스의 스파이크 단백질 입체 구조를 분석한 결과를 2020년 2월 19일 자 국제학술지 〈사이언스〉에 발표했다. 코로나19 바이러스의 스파이크 단백질은 사스 코로나바이러스의 것과 비슷했지만, ACE2 수용체와의 결합력이 10~20배 더 강했다. 결합력이 강하다는 건 그만큼 바이러스가 세포 내로 침투할 확률이 높다는 뜻이다.

결합력이 강해진 것은 스파이크 단백질의 염기서열 변화로 단백질의 구조가 바뀌었기 때문이다. 미국 미네소타 대학 연구팀은 스파이크 단백질이 ACE2 수용체와 결합하는 부위의 5개 아미노산이 기존의 사스 바이러스와 달라졌다는 것을 알아내 2020년 3월 30일 자 국제학술지 〈네이처〉에 발표했다. 이 변화로 스파이크 단백질과 ACE2 수용체가 더 안정적으로 결합하게 된 것이다. 2020년 8월 18일 자 국제학술지 〈사이언스〉에는 독일 연구팀이 스파이크 단백질을 감싸고 있는 당 사슬이 인체의 면역 세포로부터 바이러스를 보호해 주는 역할을 한다는 연구 결과를 발표하기도 했다.

또 코로나19 바이러스의 스파이크 단백질에는 사스 코로나바이러스에는 없는 부분이 있다는 것도 밝혀졌다. 프랑스 엑스마르세유 대학 연구팀은 코로나19 바이러스 스파이크 단백질에 푸린 절단 부위가 있다는 것을 발견해 국제학

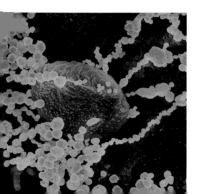

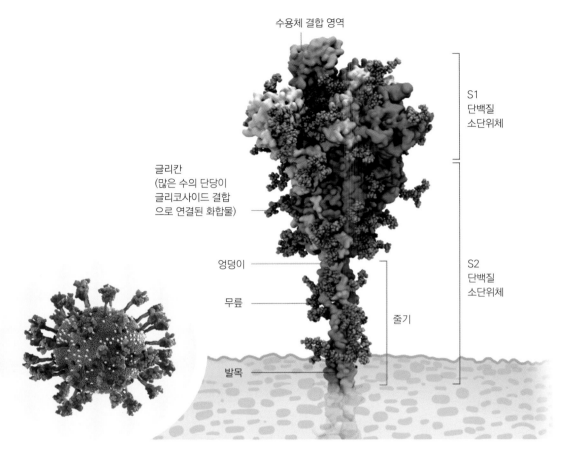

수용체 결합 영역

글리칸
(많은 수의 단당이
글리코사이드 결합
으로 연결된 화합물)

엉덩이

무릎

발목

S1
단백질
소단위체

S2
단백질
소단위체

줄기

코로나19 바이러스의 스파이크 단백질

스파이크 단백질 구조 ⓒNik Spencer, Nature

술지 〈항 바이러스 연구(Antiviral Research)〉 2020년 4월호에 발표했다. 푸린은 인간의 간, 폐, 소장 등 다양한 장기의 세포에서 널리 발현되는 단백질 분해효소(프로테아제)로, 체내의 많은 단백질을 절단해 활성화하는 역할을 한다. HIV나 에볼라 바이러스가 푸린에 의해 잘려 활성 상태로 변화하는 것으로 알려져 있다. 푸린은 코로나19 바이러스 스파이크 단백질의 S1과 S2 영역의 경계면을 절단해, 바이러스 입자의 막과 인간 세포막을 융합하는 데 중요한 역할을 하는 것으로 나타났다. 과학자들은 푸린 절단 부위가 사람들 사이에서 코로나19 바이러스가 빠르게 확산되도록 하는 요인일 수 있다고 보고 있다.

코로나19, 어떻게 진단할까

　발열이나 기침 등의 의심 증상이 생기거나 밀접 접촉자 등으로 분류될 경우 코로나19 바이러스 검사를 받게 된다. 코로나19 바이러스의 감염 여부는 어떻게 확인할까? 여러 가지 방법이 있지만, 2022년 현재 한국에서는 중합효소 연쇄반응(PCR)을 이용한 유전자 검사와 신속항원검사 두 가지 방법으로 코로나19 바이러스의 감염 여부를 확인하고 있다.

　PCR을 이용한 유전자 검사는 코로나19 바이러스를 검출하는 가장 정확하고 표준이 되는 검사법이다. 콧속 깊숙이 면봉을 넣어 비인두에서 검체를 채취한 뒤, 여기에서 유전 물질을 추출해 코로나19 바이러스 유전자가 있는지를 확인하는 것이다. 이때 검체 안에 있는 유전 물질의 양이 매우 적기 때문에 유전 물질을 증폭하기 위해 PCR을 이용한다. PCR은 원하는 DNA를 수백만~수십억 개 이상으로 빠르게 증폭하는 데 사용되는 방법이다. 1983년 미국의 생화학자 캐리 멀리스(Kary Banks Mullis)에 의해 발명되었다. 아주 적은 양이라도 증폭이 가능해 모든 생명과학 실험과 범죄 수사 등에 필수적으로 이용되고 있다.

PCR은 크게 세 가지 단계로 나눠 진행되는데, 우선 첫 단계에서는 온도를 90℃ 이상으로 올려 DNA를 변성시킨다. 염기간의 수소 결합으로 붙어 있던 이중 가닥 DNA를 높은 온도에서 분리하는 것이다. 그리고 두 번째 단계에서 온도를 50~65℃로 낮춰 프라이머가 각 DNA에 붙도록 한다. 프라이머는 20~30개의 염기로 이루어진 짧은 DNA다. DNA를 복제하는 중합효소는 이미 존재하는 DNA의 3'(프라임) 말단에만 뉴클레오티드를 추가할 수 있기 때문에 프라이머가 먼저 주형이 될 DNA 가닥에 결합되어야 한다.

마지막 세 번째 단계에서 DNA 중합효소가 DNA를 복제한다. DNA 중합효소의 종류에 따라 최적의 활성을 나타내는 온도가 달라지지만, 보통 72℃ 정도의 온도에서 수행된다. 이 세 단계가 한 사이클로 20~40회 반복되며, 한 사이클을 반복할 때마다 DNA가 2배씩 증폭되어 결과적으로 수백만 개에서 수십억 개 이상의 DNA를 얻을 수 있다.

이때 코로나19 바이러스는 PCR 중에서도 '실시간 역전사 PCR(RT-PCR)' 방법을 사용한다. 코로나19 바이러스의 유전 물질인 RNA는 불안정해 쉽게 분해되기 쉬우므로 이보다 안정된 DNA로 바꾸는 역전사 과정을 먼저 거친 뒤 PCR 반응을 수행한다. 이렇게 만들어진 DNA를 상보적 DNA(cDNA)라 하고, 이런 PCR 반응을 RT-PCR이라고 한다.

만약 코로나바이러스에 감염되었다면, 검체에서 추출한 RNA에 프라이머가 달라붙어 복제가 시작되고 증폭될 것이다. 이 결과는 실시간으로 형광의 세기가 증가하는 것으로 확인할 수 있다. 코로나19에 특징적인 유전자가 2가지 이상 증폭된 경우 확진으로 판정된다.

RT-PCR 방법은 현재 시행되고 있는 코로나 검사 방법 중 가장 정확도가 높다. 다만 결과를 받아보는 데까지 1~2일 정도 소요되며, 검체 채취부터 결과를 얻는 전 과정에 숙련된 전문 인력이 필요하다는 단점이 있다.

코로나19 확진자가 증가하면서 더 빠른 검사법이 필요하다는 이유로 2020년 12월부터 '신속항원검사법'이 도입되었다. 2022년 2월부터는 확진자가 하루 몇 십만 명 단위로 폭증하면서 검사 수를 감당하기 어려워졌다. 이에 정부는 PCR 검사는 고위험군과 같은 우선순위 대상자 중심으로 진행되고, 동네 병원이나 선별 진료소에서 신속항원검사를 받거나 집에서 자가검사 키트로 감염 여부를 검사하도록 진단 검사 체계를 개편했다.

신속항원검사법은 콧속에서 채취한 검체에서 코로나19 바이러스 입자를 직접 검출하는 방법이다. 병원에서 숙련된 의료진이 쓰는 전문가용과, 약국이나 편의점에서 구입해 직접 사용할 수 있는 개인용 검사 키트가 있다. 전문가용은 채취용 면봉이 개인용보다 좀 더 길어 비인

비인두도말 검체는 비강으로 면봉을 삽입한 후 외이도 방향으로 수평하게, 단단입천장(hard palate)과 평행한 방향으로 부드럽게 삽입한다.

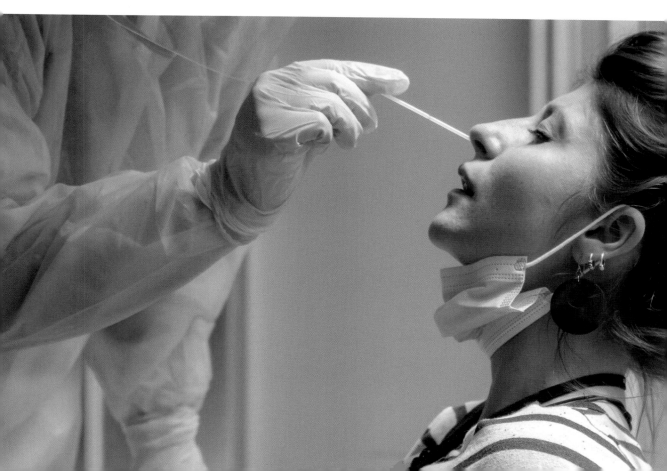

RT-PCR 역전사 중합효소 연쇄반응

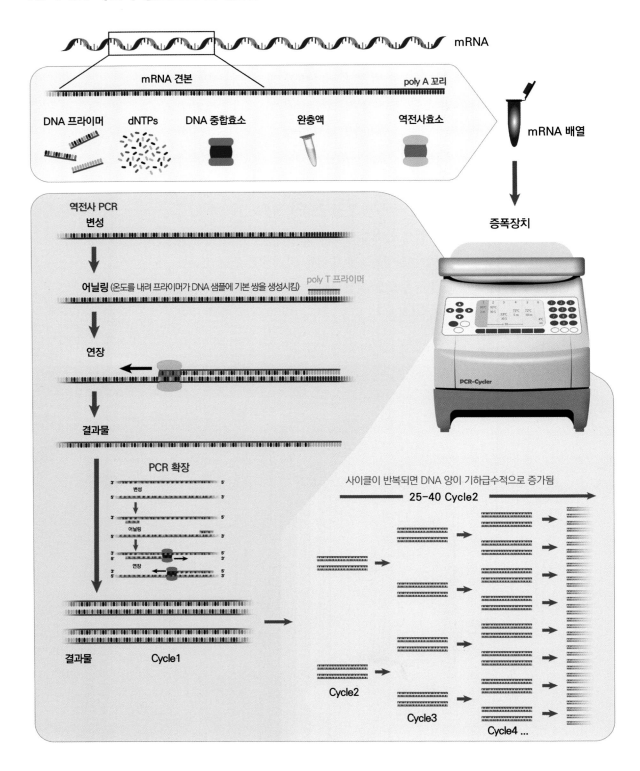

두도말 검체를 채취할 수 있는 반면, 개인용은 콧구멍 앞쪽인 비강에서 검체를 채취하도록 만들어져 있다.

전문가용과 개인용은 검체 채취 방법만 다를 뿐 원리는 같다. 채취한 샘플을 시약과 섞고, 키트의 동그란 부분에 넣으면 액체 샘플이 모세관 작용에 의해 반대편으로 전달된다. 키트의 'T(검사선)'라고 쓰인 부분에는 코로나19 바이러스에 특이적으로 결합하는 항체가 있다. 만약 코로나19 바이러스에 감염되어 있다면 이 항체와 결합해 색깔을 내 T 부분에 빨간 줄이 생기는 것을 볼 수 있다. 'C(대조선)'는 키트가 문제없이 잘 작동했는지 확인하는 부분이다. C와 T 모두 빨간 줄이 뜬다면 양성(확진), C만 빨간 줄이면 음성이다. 만약 C에도 빨간 줄이 나타나지 않는다면 키트에 문제가 있다는 뜻이다.

신속항원검사법은 30분 안에 검사 결과가 나와 빠르게 감염 여부를 확인할 수 있지만, 증폭 과정이 없기 때문에 많은 양의 바이러스가 있어야 제대로 된 결과를 얻을 수 있다. 대한진단검사의학회에 따르면 PCR 검사보다 1천~1만 배 이상 바이러스 배출이 많아야 신속

신속항원검사는 비인두에서 채취한 검체 속에서 단백질 등 코로나19 바이러스 구성 성분의 존재 여부를 확인하는 검사법이다.

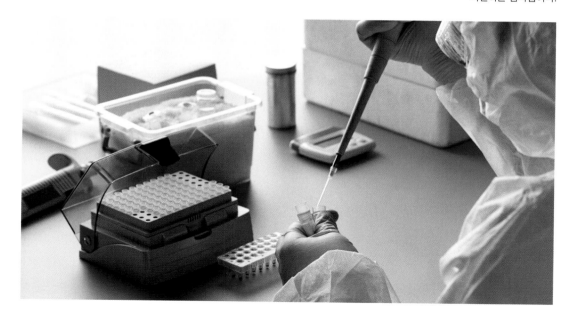

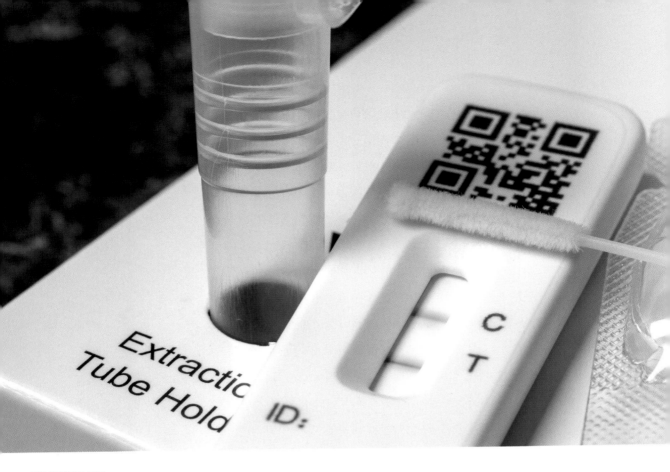

신속항원검사 키트

항원검사로 바이러스를 검출할 수 있다고 한다. 이미 코로나19 바이러스에 감염된 사람이라도 감염 초기이거나 사람에 따라 바이러스 함량이 적을 경우 결과가 음성으로 나올 수 있는 것이다. 실제로 증상이 나타나도 신속항원검사에서 음성 판정을 받았다가 며칠 후 뒤늦게 확진되는 경우가 많다. 자가검사 키트로 정확도를 높이기 위해서는 증상이 나타난 후에 검사하는 것이 좋고, 확진자와 접촉했고 증상이 없을 때는 음성이 나와도 하루 이틀 뒤에 다시 검사하는 것이 좋다.

이외에도 응급실 등에서 '신속 PCR' 검사가 이뤄지고 있다. 신속 PCR은 기존 PCR처럼 검체에서 RNA를 추출해 DNA로 바꿔 증폭한 뒤 바이러스 유전자를 검출하는 것은 같지만, 과정이 달라 검사에 소요되는 시간이 더 짧다. 합성 속도가 더 빠른 DNA 중합효소를 사용하거나, PCR처럼 온도를 높이고 낮추는 과정 없이 일정 범위의 온도(60~70℃)에서 DNA를 증폭시키는 등온 증폭 기술을 사용한다.

대표적인 등온 증폭 기술로는 '루프 매개 등온 증폭법(LAMP)'이 있다. 특수한 프라이머를 설계해 DNA를 고리 모양으로 만들어 증폭하는 것이다. 고리 구조는 단일 가닥이기 때문에 프라이머가 붙어 계속 증폭이 가능하다. 기존의 PCR처럼 DNA를 단일 가닥으로 분리하기 위해 온도를 올리고 낮추는 과정이 필요하지 않아 빠르게 DNA를 증폭할 수 있다.

크리스퍼(CRISPR) 유전자 가위 기술을 이용한 진단 방법도 개발되고 있다. 크리스퍼는 원래 세균이 바이러스(박테리오파지)에 대항하기 위해 갖고 있는 면역 시스템이다. 세균은 자신에게 침입한 바이러스의 DNA 일부를 잘라 자신의 DNA에 삽입해 둔다. 나중에 같은 유전자를 가진 바이러스가 침입하면 효소를 이용해 바이러스의 DNA를 잘라 바이러스를 죽인다. 이 방법을 이용한 것이 크리스퍼 유전자 가위 기술이다.

과학자들이 만든 크리스퍼 유전자 가위는 원하는 부위의 DNA를 인식하는 '가이드 RNA'와 DNA를 자르는 효소인 '캐스9(Cas9)'로 이루어져 있다. 가이드 RNA가 DNA를 인식하면, 캐스9와 복합체를 이뤄 해당 부위의 DNA를 자른다. 여기에 원하는 DNA 서열을 추가하면 유전자 교정을 할 수 있다. 크리스퍼 유전자 가위는 생명체의 유전 정보를 원하는 대로 바꿀 수 있는 꿈의 기술로 떠오르면서 질병 치료는 물론이고 최근 코로나19 진단과 치료 등에도 연구되고 있다.

미국 UC샌프란시스코, UC버클리 공동 연구팀은 크리스퍼 유전자 가위로 5분 만에 코로나19 바이러스를 확인하는 진단 기술을 개발해 국제학술지 〈셀〉 2020년 12월 4일 자에 발표했다. 연구에는 2020년 크리스퍼 유전자 가위 기술을 개발한 공로로 노벨 화학상을 받은 제니퍼 다우드나 미국 UC버클리 대학 교수도 참여했다. 연구팀이 개발한 검사법은 코로나19 바이러스의 RNA 염기 약 20개를 식별한다. 만약 검체에 코로나19 RNA가 있다면 가이드 RNA와 결합하고, 캐스13(Cas13)이라는 가위 효소가 이 부분의

miSHERLOCK
mi셜록은 1시간 이내에
형광 신호를 생성해 결과
판독이 가능하다.
©Wyss Institute at Harvard
University

RNA를 자르며 형광 입자를 방출한다. 여기에 레이저를 쏘면 형광 입자가 빛을 내면서 바이러스 유전자가 있다는 것을 알려 준다. 또 형광 신호의 강도가 검체에 있는 바이러스의 양과 비례해, 양성인지 여부뿐 아니라 환자가 얼마나 많은 바이러스를 가지고 있는지도 알려 준다.

2021년 8월에는 미국 하버드 대학 위스생물공학연구소와 매사추세츠 공과대학(MIT) 공동 연구팀이 크리스퍼 유전자 가위 기술을 이용해 침으로 코로나19 바이러스의 감염 여부를 확인할 수 있는 자가 진단 키트인 'mi셜록(miSHERLOCK)'을 개발했다. 연구팀이 27명의 코로나19 환자와 21명의 일반 환자의 타액 검체를 이용해 테스트한 결과, 96%의 정확도로 확진자를 식별해 냈다. 결과도 1시간 안에 확인할 수 있으며, 검사비용도 매우 저렴하다. 연구팀은 이 장치가 상용화되면 3달러(약 3,800원)까지 가격이 낮아질 것으로 전망했다.

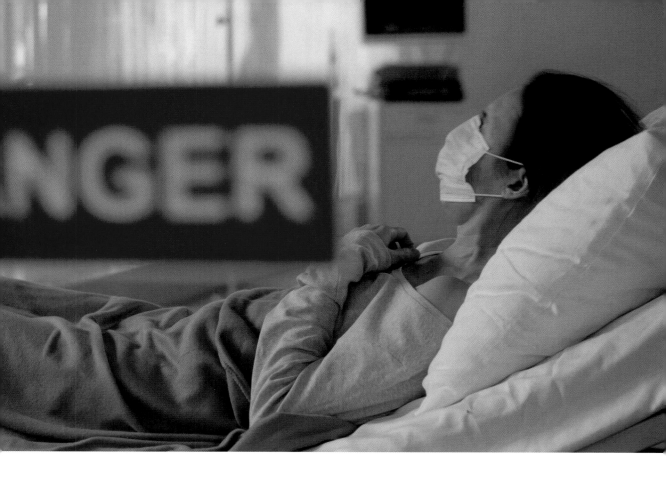

06 코로나19 증상과 중증으로 발전하는 이유

코로나19 바이러스에 감염되어도 곧바로 증상이 나타나지는 않는다. 바이러스가 세포에 침입해 어느 정도 증식해야 증상이 발생한다. 이를 잠복기라고 하며, 코로나19의 평균 잠복기는 4~5일로 알려져 있다. 감염자 중 97.5%가 코로나19 바이러스에 노출된 후 11.5일 이내에 증상을 보였다.

코로나19에 감염되면 무증상부터 심하면 사망에 이르기까지 다양한 증상을 보인다. 가장 흔한 증상은 발열, 마른기침, 인후통, 가래 등의 호흡기 질환 증상이다. 이 외에도 근육 및 관절 통증, 두통과 피로, 복통, 구토, 설사와 같은 소화기 증상, 미각과 후각 장애 등도 보고되었다. 후각과 미각 장애는 특히 코로나19 대유행 초기에 코로나19의 대표적인 증상으로 언급되며 관심을 모았다. 유럽 질병예방통제센터(ECDC)에 따르면 코로나19 환자 중 약 52%가 후각과 미각 상실을 겪었다. 전문가들은 심한 감기나 독감으로도 후각 상실이 일어날 수 있지만, 코로나19 환자의 후각 및 미각 상실은 갑작스럽게 나타나며 정도도 심각한 편이라고 말한다.

그렇다면 코로나19는 어떻게 후각과 미각에 영향을 미치는 걸까. 아직까지 미각 상실에 대한 메커니즘은 알려진 바가 없지만, 후각 상실에 대해서는 어느 정도 연구가 이뤄졌다. 미국 하버드 대학 의과대학이 이끄는 국제 공동 연구팀은 코로나19 바이러스가 후각 뉴런을 지지하는 세포를 감염시켜 후각 장애를 일으킨다는 연구 결과를 2020년 7월 31일 자 국제학술지 〈사이언스 어드밴시스(Science Advances)〉에 발표했다. 연구팀은 코로나19 바이러스의 수용체인 ACE2가 후각 뉴런이 아니라 후각 상피를 재생하는 줄기세포와 후각 뉴런을 감싸고 지지하는 세포에 많이 발현되어 있는 것을 발견했다. 이를 통해 연구팀은 코로나19 바이러스가 이 세포들을 감염시키면 후각 상피의 지지 세포 기능이 일시적으로 상실되어, 후각 뉴런에도 변화를 주게 되고 후각에 영향을 미치는 것으로 추정했다.

이외에도 코로나19는 호흡기 증상을 넘어 사람의 뇌와 인지 기능에도 영향을 준다. CDC는 코로나19 증상에 '브레인 포그(Brain fog)'를 포함하고 있다. 브레인 포그는 말 그대로 머리에 안개가 낀 것처럼 멍한 증상을 말한다. 생각이 둔해지거나 집중이 잘 되지 않고, 기억력이 떨어졌다고 느끼거나 피로감, 졸림 등의 증상이 지속적으로 나타나는 것이다. 브레인 포그는 질병으로 분류되지는 않지만 뇌의 염증과 관련이 있으며, 브레인 포그가 오래되면 치매로 진행할 위험이 높은 것으로 알려져 있다.

코로나19의 후유증으로 브레인 포그를 겪고 있다는 사람들이 늘어나자 과학자들은 그 이유를 알기 위해 연구했고, 코로나19가 뇌에 어떤 식으로든 영향을 미친다는 여러 증거들을 발견했다. 사람의 뇌에는 '혈액뇌장벽(BBB, Blood-Brain Barrier)'이 있어서 뇌에 외부 물질이 들어오는 것을 막아 세균이나 바이러스, 해로운 화학 물질 등으로부터 뇌를 보호한다. 아직까지 코로나19 바이러스가 이 혈액뇌장벽을 통과해 신경 세포를 직접 감염시킨다는 결정적인 증거는 찾지 못했다.

독일 뤼브크 대학과 프랑스 릴 대학 공동 연구팀은 국제학술지 〈네이처 뉴로사이언스(Nature Neuroscience)〉 2021년 10월 21일 자에 코로나19 바이러스가 혈액뇌장벽을 이루는 내피세포를 공격해 신경학적 증상을 유발할 수 있다고 발표했다. 연구팀은 코로나19로 사망한 사람들의 뇌 조직에서 '유령 혈관'들을 발견했다. 내피세포가 괴사해 빈 혈관으로 혈액이 흐를 수 없게 된 것이다. 연구팀은 내피세포가 코로나19 바이러스에 감염되면, 내피세포가 살아남는 데 필수적인 단백질을 절단해 세포를 죽음에 이르게 한다는 것을 알아냈다. 연구팀은 혈액이 흐를 수 없게 된 유령 혈관 때문에 뇌에 산소와 포도당이 결핍되어 결과적으로 뇌 손상이 발생할 수 있다고 설명했다.

코로나19 증상이 심한 환자들의 경우 폐렴을 거쳐 사망에 이르기도 한다. 특히 젊은 환자들은 '사이토카인 폭풍(cytokine storm)'이 원인이 되어 사망한 경우가 많았다. 사이토카인은 세포 신호 전달에 중요한 작은 단백질들을 통칭한다. 주로 면역과 염증 반응에 작용해 각종 면역 세포를 활성화하고, 면역 반응을 조절하는 역할을 한다. 백혈구에서 분비되는 인터류킨(interleukin, 몸 안에 들어온 세균이나 해로운 물질을 면역계가 맞서 싸우도록 자극하는 단백질), 림프구가 분비하는 림포카인(lymphokine), 항 바이러스 반응에 관여하는 인터페론(Interferon), 세포들을 유인하는 역할을 하는 케모카인(chemokine) 등 수백 가지의 사이토카인이 있는 것으로 알려져 있다.

그런데 염증 반응에 관여하는 사이토카인들이 갑자기 대량으로 방출되면 면역 세포들이 정상 세포까지 공격하게 된다. 이를 '사이토카인 폭풍'이라고 한다. 사이토카인 폭풍이 일어나면 급성 폐 손상, 급성 호흡 곤란 증후군, 다발성 장기부전 등으로 악화되어 사망에 이를 수 있다. 여러 연구에 따르면 코로나19로 사망한 환자에게서 특히 '인터류킨6(IL-6)'이라는 사이토카인 수치가 훨씬 높게 나타났다. IL-6는 급성 염증 반응을 조절하는 역할을 담당하

사이토카인

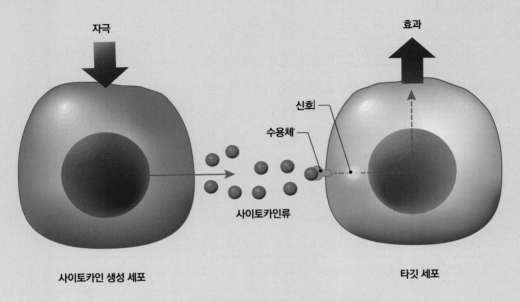

사이토카인은 혈액 속에 함유되어 있는 비교적 작은 크기의 면역 단백질 중 하나다.

는 사이토카인이다.

다만 코로나19는 중증 이상으로 진행되는 경우는 많지 않고 다수는 경증이나 무증상을 보인다. 중국에서 7만 2,314명의 코로나19 환자를 분석한 결과에 따르면, 81%가 경증이었고 14%가 중환자실에서 산소 치료가 필요한 중증 사례였으며, 쇼크나 호흡 부전을 보인 위중 환자는 5%였다. 코로나19에서 아직까지 풀리지 않는 수수께끼는 바로 이것이다. 대부분의 사람은 경증인데 왜 어떤 사람들은 중증으로 발전하는 걸까. 과학자들은 왜 이런 차이가 발생하는지 찾아내기 위해 연구해 왔다. 중증으로 발전하는 환자들의 가장 큰 원인은 나이와 당뇨병, 고혈압, 비만이나 폐질환 등의 기저질환 유무다. 60세 이상의 환자일수록 입원이 필요하거나 중증으로 발전하고 사망에 이를 가능성이 높았다. 나이가 들면 면역 세포의 생성과 항체 활성 등이 줄어

사이토카인 폭풍

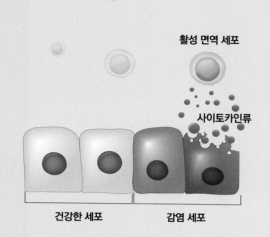
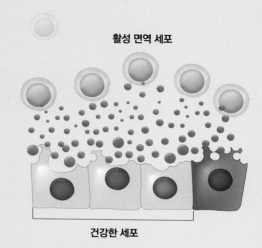

보통

사이토카인 폭풍

사이토카인 폭풍은 면역 반응의 과잉으로 나타나는 증상이기에 면역력이 높은 젊은 층에서 발생할 확률이 더 높다.

바이러스에 대응하는 능력이 떨어지기 때문이다. 또 이들은 심장병이나 당뇨병 등 기저질환을 앓고 있는 경우가 많다. 하지만 이 요인은 젊거나 건강한 사람이 코로나19로 사망하는 경우를 설명하지는 못했다. 과학자들은 유전적 요인에서 그 답을 찾으려고 했다. 유전자는 바이러스 감염에 대한 취약성과 질병의 중증도에 영향을 줄 수 있기 때문이다. 코로나19 환자유전학이니셔티브(COVID-19 Host Genetics Initiative)는 코로나19 환자의 유전체를 대규모로 분석하는 국제 연구협력 프로젝트다. 전 세계 203개 연구팀이 참여해 코로나19 환자와 정상인의 유전체 데이터를 비교해 환자에게 더 많이 발견되는 유전자를 찾고 있다.

2021년 7월 연구팀은 인간의 유전체에서 코로나19에 취약하고 중증도에 영향을 미치는 유전자를 13군데 발견했다. 5만 명의 코로나19 환자와 200만 명의 일반인을 대상으로 비교한 결과다. 이중 대부분은 면역 기능에 관여하거나 폐와 관련된 유전자로 알려져 있다. 예를 들어 3번 염색체에는 백혈구 등의 면역 세포를 유인하는 케모카인 유전자들이 있고, 코로나19 바이러스가 세포 내로 침입하는 관문인 ACE2 수용체와 상호 작용하는 단백질(SLC6A20) 등이 자리한다. 이런 유전자들에 특정 변이가 일어난 사람들이 코로나19 바이러스에 감염될 경우 병원에 입원하거나 중증으로 발전할 위험이 높은 것으로 나타났다.

인터페론이 부족한 경우도 코로나19를 중증으로 발전하게 하는 원인으로 추정된다. 1형 인터페론은 감염 초기에 바이러스와 싸우는 데 중요한 역할을 한다. 감염된 세포가 바이러스를 공격하는 단백질을 생성하도록 만들고 면역 세포를 소환하며, 감염되지 않은 이웃 세포에게 방어 태세를 갖추게 한다.

코비드휴먼지네틱에포트(COVID Human Genetic Effort)는 코로나19 중증도의 원인을 유전자에서 찾고자 하는 또 다른 국제 프로젝트다. 연구팀은 코로나19로 중환자실에 입원할 만큼 중증을 보였던 환자 3,595명 중 13.6%가 인터페론을 공격하는 자가 항체를 갖고 있다는 것을 발견했다. 이 항체는 1형 인터페론의 활성을 억제했고, 코로나19의 침입을 막지 못했다. 반면 경증이나 무증상 감염자에게서는 이런 항체가 발견되지 않았다. 만약 이 자가 항체를 갖고 있거나 1형 인터페론을 차단하는 유전자 변이가 확인된다면 맞춤식 치료를 하는 데 도움이 될 것이다.

---

* 인터페론(사이토카인이라는 당단백질에 속하며 다른 세포 안에서 바이러스가 증식하는 것을 막는 면역 반응을 돕는다.)

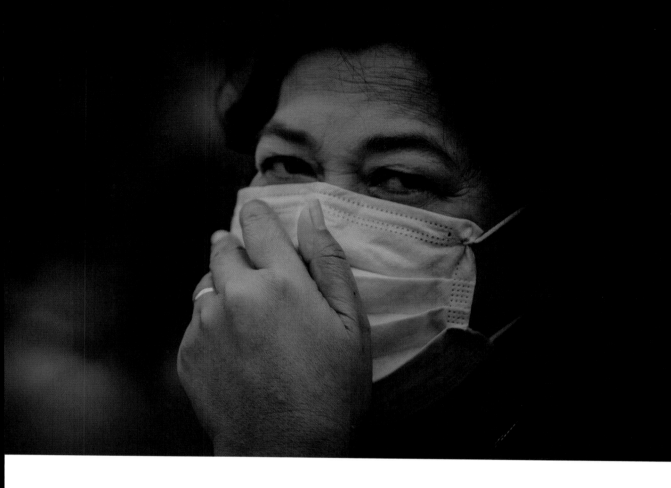

07

완치 후에도 지속되는 코로나19 장기 후유증

심각한 중증이 아니라면 코로나19 바이러스에 감염되어도 평균 2주면 회복된다. 그런데 어떤 사람들은 격리 해제나 완치 판정 이후에도 12주 이상 증상이 지속되며 일상생활에 지장을 받는다. 이를 가리켜 '코로나19 장기 후유증(long COVID)', '포스트 코로나 증후군', '만성 코로나(PASC)' 등으로 부른다. WHO에서는 이를 두고 '코로나19 바이러스에 감염된 뒤 3개월 이상 증상이 지속되는 현상'이라고 정의했으며, 피로, 호흡 곤란, 인지 장애(기억력, 집중력 저하) 등을 대표적인 증상으로 꼽았다.

코로나19 장기 후유증을 겪는 사람들은 생각보다 많다. 영국 통계청은 2021년 10월 31일 기준으로 영

코로나19 감염 빈도는 남성이 여성보다 더 높은 것으로 알려졌으나, 장기 후유증은 남성(20.7%)보다 여성(23.6%)에게서 더 많이 발생하는 것으로 보고되었다.

국 인구의 120만 명이 코로나19 장기 후유증을 겪고 있다고 밝혔다. 이들 중 36%는 감염 후 최소 1년 동안 증상이 지속되었으며, 64%는 일상생활에까지 부정적인 영향을 미쳤다고 보고했다. 가장 흔한 증상은 피로(54%), 숨 가쁨(36%), 후각 상실(35%), 집중력 장애(28%) 순이었다. 한국에서도 코로나19 장기 후유증이 보고되고 있다. 국립보건연구원 산하 국립감염병연구소는 경북 대학병원과 함께 대구지역 코로나19 확진자를 대상으로 두 차례 설문조사를 실시하고 그 결과를 2021년 8월에 발표했다. 응답자 241명 중 52.7%인 127명이 확진 후 1년이 지난 시점에도 후유증을 겪는 것으로 나타났다. 주요 증상은 집중력 저하(22.4%), 인지 기능 감소(21.5%), 기억 상실(19.9%), 우울감(17.2%), 피로감(16.2%) 등이었다.

코로나19 장기 후유증을 겪는 이유는 무엇일까? 2021년 3월 22일 자 국제학술지 〈네이처 메디신(Nature Medicine)〉에 발표된 리뷰 논문에서 여러 이유들이 제시되었다. 폐나 심장 등 바이러스에 감염된 조직이 손상되었거나,

코로나19의 장기 후유증

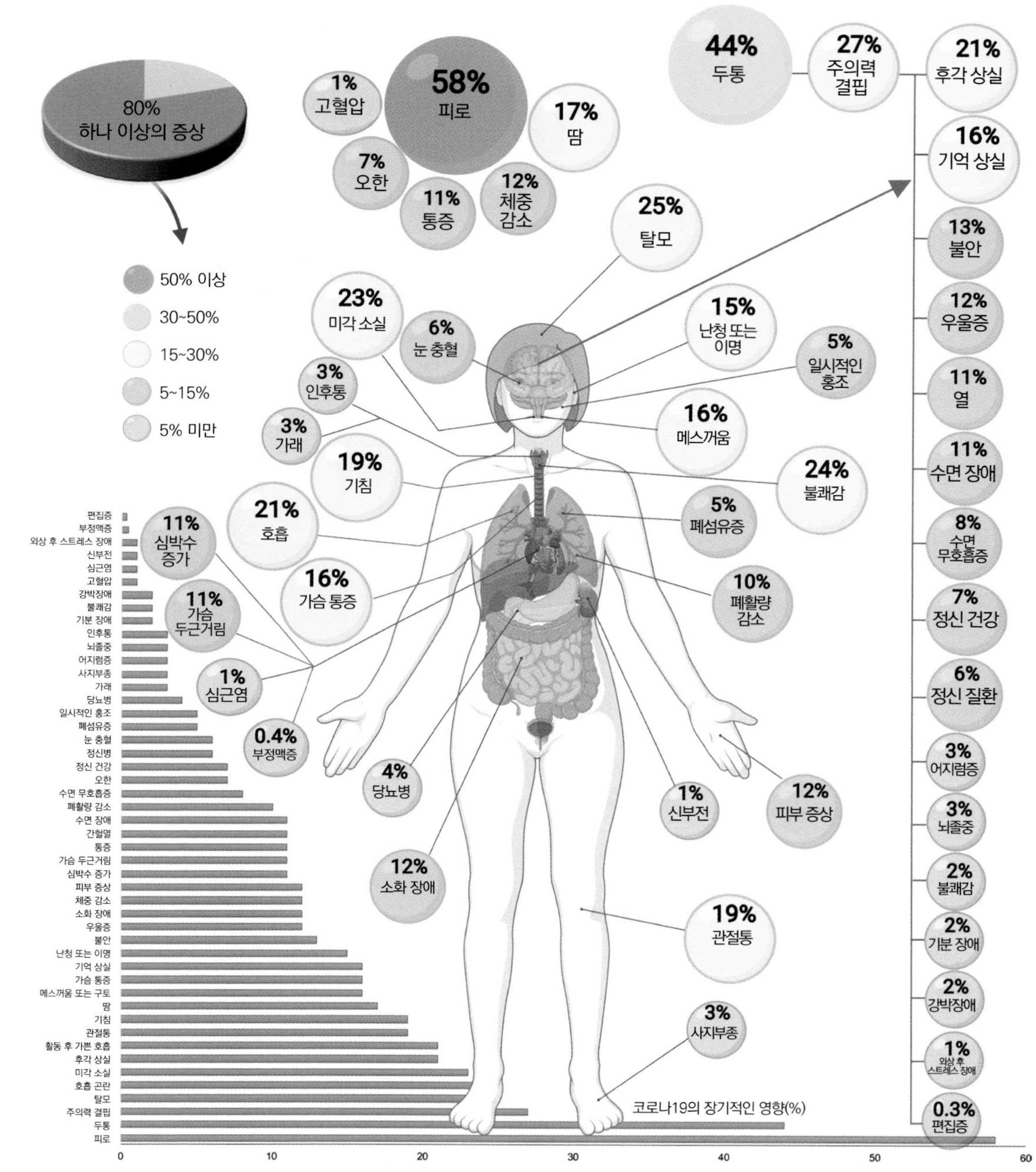
80%
하나 이상의 증상
50% 이상
30~50%
15~30%
5~15%
5% 미만
1% 고혈압
58% 피로
17% 땀
7% 오한
11% 통증
12% 체중 감소
44% 두통
27% 주의력 결핍
21% 후각 상실
16% 기억 상실
13% 불안
12% 우울증
11% 열
11% 수면 장애
8% 수면 무호흡증
7% 정신 건강
6% 정신 질환
3% 어지럼증
3% 뇌졸중
2% 불쾌감
2% 기분 장애
2% 강박장애
1% 외상 후 스트레스 장애
0.3% 편집증
25% 탈모
23% 미각 소실
6% 눈 충혈
15% 난청 또는 이명
5% 일시적인 홍조
3% 인후통
3% 가래
16% 메스꺼움
19% 기침
24% 불쾌감
21% 호흡
5% 폐섬유증
11% 심박수 증가
16% 가슴 통증
10% 폐활량 감소
11% 가슴 두근거림
1% 심근염
0.4% 부정맥증
4% 당뇨병
1% 신부전
12% 피부 증상
12% 소화 장애
19% 관절통
3% 사지부종
편집증
부정맥증
외상 후 스트레스 장애
신부전
심근염
고혈압
강박장애
불쾌감
기분 장애
인후통
뇌졸중
어지럼증
사지부종
가래
당뇨병
일시적인 홍조
폐섬유증
눈 충혈
정신병
정신 건강
오한
수면 무호흡증
폐활량 감소
수면 장애
간헐열
통증
가슴 두근거림
심박수 증가
피부 증상
체중 감소
소화 장애
우울증
불안
난청 또는 이명
기억 상실
가슴 통증
메스꺼움 또는 구토
땀
기침
관절통
활동 후 가쁜 호흡
후각 상실
미각 소실
호흡 곤란
탈모
주의력 결핍
두통
피로
0
10
20
30
40
50
60
코로나19의 장기적인 영향(%)

코로나19 바이러스에 감염된 이후 면역 체계를 조절하는 데 문제가 생겨 지속적인 염증이 발생했을 가능성이 있다. 또 바이러스가 일으킨 혈전 등으로 인해 혈관이 손상되었거나, 중환자실에서 집중치료를 받은 뒤 회복한 환자들이 경험하는 집중치료 후 증후군(PICS)도 원인으로 제시되었다. 하지만 아직까지 정확히 밝혀진 것은 없다. 코로나19 장기 후유증은 최근에야 주목을 받기 시작해 특별한 치료 방법도 없다. 하지만 코로나19 대유행이 오래 이어지면서 장기적인 후유증을 호소하는 환자들은 계속 늘어날 것으로 예상된다. 전문가들은 코로나19 장기 후유증이 중대한 공중보건 문제가 될 수 있다며 우려하고 있다. 다양한 증상으로 사람들에게 장기간 영향을 미치며 삶의 질을 떨어뜨리고, 건강관리에 대한 부담을 증가시키며 경제 및 생산성 손실로 이어질 수 있다는 것이다.

과학자들은 2021년 8월 28일 자 국제학술지 〈랜싯〉의 사설에서 과학계와 의료계가 협력해 코로나19 장기 후유증의 기전과 원인을 밝히고, 누가 가장 위험에 처해 있는지, 백신이 어떤 영향을 미칠 수 있는지 등에 대한 연구를 진행해 효과적인 치료법을 찾아야 한다고 강조했다. 이에 WHO와 미국 국립보건원(NIH) 등은 코로나19 장기 후유증에 대한 연구를 진행하겠다고 밝혔다. 한국에서도 국립감염병연구소가 국내 의료기관과 협력해 대규모 연구를 추진하고 국제 공동 연구도 참여할 계획이라고 말했다.

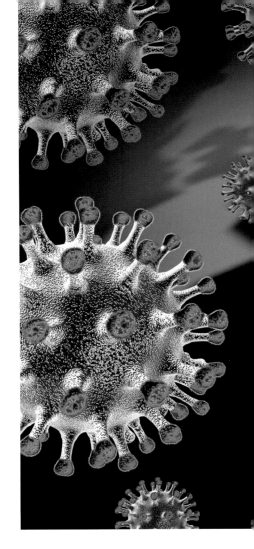

08

진화하는 코로나, 계속되는 변이 바이러스의 등장

생명체가 자신의 유전체를 복제할 때, 항상 정확한 복사본을 만들지는 못한다. 종종 오류가 발생해 염기서열이 다른 돌연변이가 나타난다. DNA 염기서열이 바뀌면 유전자의 최종 산물인 단백질도 달라질 수 있다.

바이러스도 마찬가지다. 새로운 돌연변이가 생긴 바이러스를 '변이(variant) 바이러스'라고 부른다. 특히 코로나19 바이러스처럼 RNA를 유전체로 가지는 바이러스는 DNA 바이러스보다 안정성이 낮아 변이가 더 자주 발생한다. 다만 코로나19 바이러스는 RNA 바이러스임에도 복제 오류를 바로잡는 교정효소를 가지고 있어 다른 RNA 바이러스들보다는 비교적 변이가 느린 편이다. 코로나19 바이러스의 변이 속도는 매달 1~2개로, 인플루엔자 바이러스의 절반, HIV의 1/4 정도라고 한다.

대부분의 돌연변이는 바이러스의 특성에 거의 영향을 미치지 않는다. 하지만 간혹 바이러스가 증식하는 데 유리한 변이, 예를 들어 바이러스 배출량이 더 많아지거나 인체 면역 반응을 회피하는 변이가 발생하면 바이러스의 확산이나 치사율, 백신 효과 등에 큰 영향을 줄 수 있다. 이 때문에 과학자들은 코로나19 바이러스의 변이를 지속적으로 감시하고 있다. 각 나라의 과학자들은 매주 수십만 개 이상의 코로나19 확진자들의 샘플을 분석해 코로나19 바이러스의 유전자 염기서열을 국제인플루엔자정보공유기구(GISAID)를 통해 전 세계적으로 공유하고 있다. GISAID는 인플루엔자 바이러스와 코로나19 바이러스의 염기서열을 공유하는 웹 사이트로, 코로나19 바이러스의 염기서열 변화를 실시간으로 신속히 감시할 수 있도록 돕고 있다. 이를 통해 어떤 돌연변이가 획득되고 있는지, 새로운 변이의 출현 가능성이 있는지 등을 확인할 수 있다.

특히 스파이크 단백질의 변이가 주요 감시 대상이다. 스파이크 단백질은 감염 단계에 중요한 역할을 하는데다, 현재 대부분의 백신이나 치료제가 이 단백질을 표적으로 하고 있기 때문이다. 새로운 변이가 등장할 때마다 백신의 효과가 떨어지지 않을까 하고 우려하는 이유가 여기에 있다.

코로나19 세계적 대유행이 시작된 이후 수많은 코로나19 변이 바이러스가 나타났다. GISAID는 코로나19 바이러스를 아미노산 변화에 따라 L, S, O, V, G, GR, GH, GV, GRY, GK의 10가지 유형으로 분류하고 있다. 중국 우한에서 처음 발견된 L형을 시작으로, 중국과 아시아 지역을 중심으로 S와 V유형이 유행하다가 2020년 2월부터 전 세계적으로 G유형이 유행했다. G유형은 스파이크 단백질의 614번 아미노산이 아스파르트산(D)에서 글리신(G)으로 바뀐 변이다. 이후 G형에서 파생된 여러 변이들이 등장했다.

끊임없이 변이 바이러스가 등장하자 WHO는 전파력과 증상 변화, 백신 효과 등을 고려해 '우려 변이'를 지정·감시하고 있다. 우려 변이는 바이러스의 전염성이나 독성이 증가하거나, 현재의 백신이나 치료제 효과를 떨어뜨릴 수 있는 가능성이 높은 변이들이다. WHO가 지정한 우려 변이에는 알파, 베타, 감마, 델타, 그리고 오미크론이 있다. 이 중 최근 시점에서는 오미크론만이 '현재 유행 중인 우려 변이'에 해당되며 나머지는 '이전에 유행했던 우려 변이'로 다시 분류되었다.

변이 바이러스의 이름은 모두 그리스의 알파벳을 사용하고 있다. 원래 변이 바이러스는 처음 발생한 장소의 이름을 땄는데, 해당 국가나 지역에 낙인을 찍거나 차별을 유발할 수 있다는 우려로 그리스 문자로 부르게 되었다.

그럼 알파부터 오미크론까지, 우려 변이들을 하나씩 살펴보자. 우

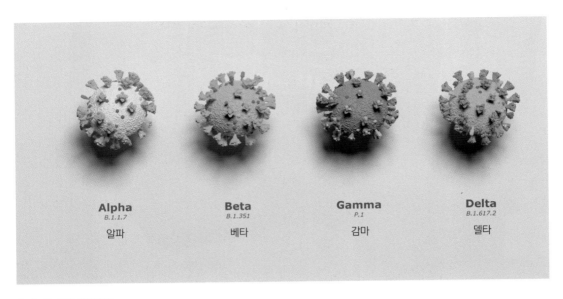

Alpha
B.1.1.7
알파

Beta
B.1.351
베타

Gamma
P.1
감마

Delta
B.1.617.2
델타

오미크론 등장 이전까지
유행했던 WHO 우려 변이

선 알파 변이는 '영국 변이'로 불렸던 B.1.1.7 변이다. 2020년 9월에 영국에서 처음 발견된 이후, 그해 12월부터 급속도로 확산되기 시작해 한국을 포함한 전 세계로 퍼져 나갔다. 알파 변이 바이러스는 스파이크 단백질에 두 가지 변이(N501Y, 69-70del)가 일어났는데, 이 변이로 ACE2 수용체와의 결합력이 커져 바이러스의 전파 속도가 최대 70%까지 빨라졌고 숙주 세포의 면역 반응을 회피할 수 있게 되었다는 연구 결과가 나왔다.

홍미로운 점은 알파 변이 바이러스에 총 23개의 변이가 발견되었는데, 이중 17개의 변이가 아미노산 서열에 변화가 일어나 단백질에도 영향을 주었다는 것이다. 돌연변이가 점진적으로 축적된 것이 아니라 이처럼 한꺼번에 17개의 변이를 획득한 경우는 처음이라고 한다. 과학자들은 오랫동안 코로나19에 감염된 환자에게서 변이 바이러스가 출현했을 것이라고 추정했다. 코로나19 바이러스가 환자의 몸에서 장기간에 걸쳐 증식하면서 많은 수의 돌연변이가 생겼다는 것이다.

베타 변이는 2020년 5월 남아프리카공화국에서 발견되어 '남아프리카공화국 변이'로 불린 B.1.351 변이 바이러스다. 높은 전파력에 더해 백신의 효능을 떨어뜨릴 수 있다는 연구 결과가 발표되어 우려 변이로 지정되었다. 감마 변이는 2020년 11월 브라질에서 처음 발견되었으며, 전파력이 2배 높은 것으로 추정되고 있다.

그리고 2020년 10월, '델타 변이'가 등장했다. 델타 변이는 인도에서 처음 발견된 이후 어마어마한 속도로 전 세계를 휩쓸었다. 2020년 말부터 전 세계에 백신 접종이 시작되며 코로나19의 확산세가 점점 줄어드는가 싶었지만, 델타 변이의 등장으로 상황은 다시 역전되었다. 델타 변이는 백신을 맞지 않은 사람은 물론, 백신 접종을 받은 사람들에게도 돌파 감염을 일으키며 백신의 예방 효과를 떨어뜨렸다. 백신 접종을 가장 먼저 시작해 접종률이 높았던 미국과 영국에서도 2021년 7~8월 각각 평균 10만 명, 2~3만 명 이상의 확진자가 발생했으며, 2021년 8월 한국에서도 코로나19 대유행 이후 처음으로 2000명 이상의 확진자 수를 기록했다. WHO는 2021년 6월 델타 변이가 전 세계 지배종이 되었다고 발표했으며, 델타 변이의 확산으로 전 세계는 4차 대유행을 맞았다.

델타 변이는 전파력이 높다고 알려진 알파 변이보다도 1.6배 더 높은 전파력을 보이는 것으로 나타났다. 과학자들은 높은 전파력의 이유를 찾기 시작했는데, 미국 하버드 대학 의과대학 보스턴 어린이병원 연구팀은 국제학술지 〈사이언스〉 2021년 10월 26일 자에 발표한 논문에서 델타 변이가 전파력이 높아진 것은 스파이크 단백질의 막 융합 능력이 향상되었기 때문이라고 발표했다. 연구팀은 세포 실험을 통해 델타 변이의 스파이크 단백질이 다른 변이들보다 훨씬 빠르게 막 융합을 일으키는 것을 확인했다. 5분 동안의 델타 변이와 다른 변이의 막 융합 정도는 비슷했지만, 시간이 지날수록 차이가 크게 벌어졌다. 연구팀은 만약 ACE2 수용체가 적은 세포를 감염시킨다면 더 큰 차이를 보일 것이라고 말했다. 연구를 이끈 빙 첸 하버드의대 소아과 교수는 "이 결과는 델타 변이가 왜 훨씬 빨리 전염되고, 짧은 시간만 노출되어도 감염되는지를 설명해 준다."고 말했다.

2021년 11월 4일 자 국제학술지 〈사이언스〉에는 델타 변이의 높은 전파력이 뉴클레오캡시드 단백질의 돌연변이 때문일 수 있다는 연구 결과도 실렸다. 그동안 과학자들은 스파이크 단백질의 돌연변이에만 주목해 왔고, 다른 유전자의 변이는 상대적으로 관심을 갖지 않았다. 그런데 미국 UC버클리와 UC샌프란시스코 공동 연구팀은 뉴클레오캡시드 단백질에 주목했다. 이 단백질은 코로나19 바이러스의 유전체(RNA)를 감싸 외부로부터 보호하고, 증식 과정에서도 중요한 역할을 한다.

연구팀은 ' 바이러스 유사 입자(VLP)'라고 불리는 인공 바이러스를 실험에 이용했는데, VLP는 유전체(RNA)를 제외한 코로나19 바이러스의 모든 단백질을 갖고 있어 세포에 감염은 가능하지만 증식을 하지 않는다. 연구팀은 VLP에 코로나19 바이러스의 RNA 대신 형광을 내는 mRNA 조각을 넣었다. 세포가 VLP에 감염되면 합성된 형광 단백질로 확인이 가능하며, 형광이 더 밝게 빛날수록 바이러스의 유전 물질이 세포로 더 잘 침투했다고 볼 수 있다. 연구팀은 뉴클레오캡시드 단백질에 델타 변이에서 발견된 돌연변이(R203M, 203번 아미노산이 아르기닌(R)에서 메티오닌(M)으로 바뀐 돌연변이)가 있으면 원래 바이러스 입자에 비해 10배 더 빛이 강해지는 것을 발견했다. 알파 변이는 7.5배, 감마 변이는 원래 바이러스보다 4.2배 더 밝았다.

이어 연구팀은 R203M 돌연변이를 가진 진짜 코로나19 바이러스를 세포에 감염시키는 실험을 했다. 그 결과, 돌연변이 바이러스는 원래 코로나19 바이러스보다 51배 더 많이 증식했다. R203M 변이는 인체 세포 안에 RNA를 더 잘 침투하게 하고, 그래서 증식되는 바이러스의 수도 더 많아 바이러스가 더 빨리 퍼질 수 있다는 뜻이다.

델타 변이가 백신 예방 효과를 떨어뜨린다는 것도 입증되었다. 미국 CDC는 2021년 8월 델타 변이 유행 전과 후의 화이자와 모더나의 백신 효과를 공개했다. 델타 변이 이전에는 백신 효과가 91%였던 반면, 델타 변이가 우세종이 된 이후 백신 효과는 66%로 크게 줄었다. 이는 델타 변이의 스파이크 단백질 N-말단 영역에 바이러스가 항체를 피할 수 있도록 하는 돌연변이가 만들어졌기 때문으로 보인다. 하지만 다행히도 백신의 중증 예방 효과는 크게 떨어지지 않았다. CDC는 백신을 맞으면 중증 예방 효과가 90%로, 백신의 접종에 대한 유효성은 여전히 유지되고 있다고 밝혔다.

델타 변이의 확산세가 꺾이지 않고 지속되자 2021년 10월 13일 백악관 수석 의료고문인 앤서니 파우치(Anthony Stephen Fauci) 미국 국립알레르기·전염병 연구소(NIAID) 소장은 백악관 코로나19 대응 브리핑에서 "델타 변이를 능가할 변이는 출현하지 않을 것으로 예상한다."고 말했다. 하지만 전문가들의 발언

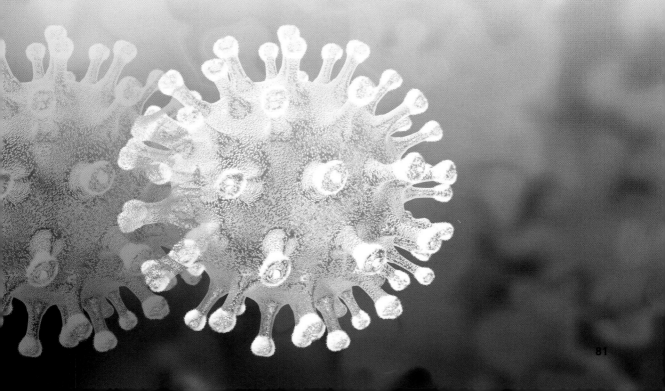

이 무색하게도, 2021년 11월 오미크론이라는 새로운 변이가 출현했다. 가장 먼저 보고된 곳은 남아프리카공화국이었는데, 발견된 지 채 한 달도 되지 않아 전 세계 85개 국 이상으로 퍼졌다. 한국에서도 2021년 12월 1일 국내 첫 오미크론 확진자가 나왔다.

이후 오미크론 변이는 델타 변이를 누르고 전 세계 지배 변이가 되었다. 오미크론 변이의 확산 속도는 압도적이어서, 2022년 1월까지만 해도 수천 명 정도였던 한국의 일일 신규 확진자는 기하급수적으로 증가해 3월 16일에는 62만 명을 기록했다.

오미크론 변이가 기존의 다른 어떤 변이들보다 더 빠르게 확산된 이유는 무엇일까. 오미크론 변이가 출현하자마자 여러 연구들이 발 빠르게 이뤄졌다. 2021년 12월 15일 홍콩 대학 의과대학 연구팀은 오미크론 변이가 델타 변이와 기존 코로나19 바이러스보다 인간의 기관지 세포에서 70배 더 빠르게 감염되고 증식한다는 것을 발견했다. 대신 기존 변이들보다 폐에서의 증식 속도는 10분의 1에 불과했다. 기관지 세포에서 더 많이 증식하면, 기침할 때 공기 중으로 더 많은 바이러스가 방출될 수 있다. 연구팀은 이 결과가 오미크론 변이가 이전 변이들보다 더 빠르게 전파되는 이유가 될 수 있을 것이라고 설명했다.

스파이크 단백질에 돌연변이가 많이 일어나 면역 회피가 뛰어난 점도 압도적인 감염 속도의 원인 중 하나다. 오미크론 변이는 총 50개의 돌연변이 중 스파이크 단백질에만 32개의 돌연변이가 일어났다. 그만큼 기존 백신이나 이전 변이로 얻은 항체를 회피할 가능성이 높아져 재감염과 돌파 감염도 크게 늘었다. 여러 연구팀이 실험실에서 세포를 대상으로 항체와 면역 회피 실험을 진행한 결과, 다른 변이보다 오미크론 변이에서 면역 회피가 일어나 중화 항체의 효과가 크게 떨어진 것으로 나타났다. 남아프리카공화국의 아프리카 보건연구소 연구팀은 화이자-바이오엔텍 백신을 대상으로 한 실험에서 오미크론 변이에 대한 중화 항체 수치가 기존 코로나19 바이러스에 비해 41배 낮았다고 발표했다. 항체 수치가 떨어지는 정도는 연구팀마다 달랐지만 전체적

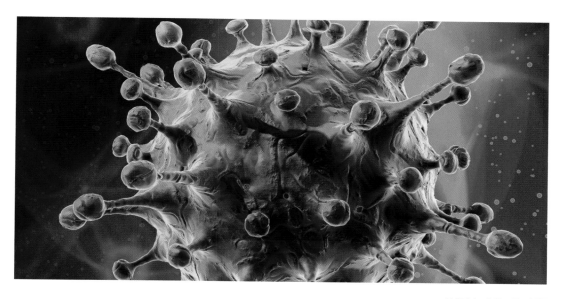

으로 오미크론 변이에 대해 항체 효과가 떨어지는 것으로 나타났다.

하지만 그렇다고 해서 기존 백신 접종이 의미 없어졌다는 뜻은 아니다. 중화 항체는 면역 반응의 일부에 불과하기 때문이다. 면역 반응은 T세포에 의해서도 일어난다. T세포는 항체보다 오미크론 돌연변이의 영향을 덜 받을 수 있다. 백신에 의한 위중증과 사망 예방 효과는 여전히 유효한 상태다.

그나마 다행스러운 점은 오미크론 변이는 전염 속도는 빠르지만 델타 변이보다는 덜 치명적인 증상을 보인다는 것이다. 초기 오미크론 변이에 대한 남아프리카공화국의 보고서에 따르면 오미크론 변이가 델타 변이 감염자들보다 입원율이 80% 낮았다. 2021년 12월 22일 영국 임페리얼칼리지런던 연구팀도 오미크론 변이에 감염된 사람이 델타 변이 감염자와 비교해 입원 위험 가능성이 40~45% 더 적은 것으로 나타났다고 발표했다. 폐보다는 코, 인후두 등 상기도에서 주로 증식하다보니 오미크론 감염자들에게서는 기침과 인후통, 발열과 오한 등의 증상이 주를 이뤘다.

흥미로운 것은 오미크론 변이의 기원이다. 오미크론 변이는 알파와 델타 같은 변이에서 파생되지 않았다. 과학자들은 오미크론 변이가 알려지지 않은 곳에서 독자적으로 진화해 온 것으로 보고 있다. 엠마 호드크로프트(Emma Hodcroft) 스위스 베른대 박사후연구원은 국제학술지 〈사이언스〉에 "오미크론 변이는 2020년 중반, 다른 변이에서 일찍부터 갈라져 나왔을 것"이라며 지금까지 알려진 수백만 개의 코로나19 바이러스와 매우 달라 가까운 변이를 찾아내는 것이 어렵다고 말했다.

과학자들은 오미크론 변이의 기원으로 여러 가설을 제시했다. 먼저 변이 감시와 염기서열 분석이 되지 않는 곳에서 순환하며 진화해 왔다는 것이다.

코로나19 스파이크 단백질 변이 정리

스파이크 단백질의 주요 돌연변이가 나타났지만, 유전체의 다른 영역에서 돌연변이가 확인되어 조사 중이다.
돌연변이는 모든 스파이크 단백질 소단위체에서 발생한다.

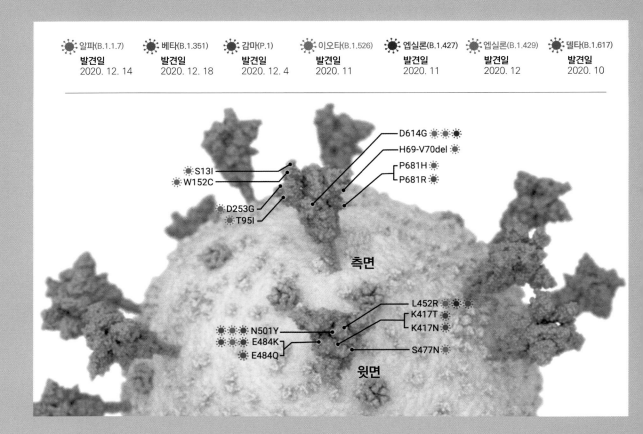

전 세계 많은 국가에서 변이 바이러스를 감시하고 있지만, 바이러스 염기서열을 신속하게 분석할 수 있는 능력은 부유한 국가에 집중되어 있다. 그래서 연구 환경이 열악해 변이 감시를 할 여력이 없는 국가나 집단에서 오미크론 변이가 발생했을 가능성이 있다.

두 번째는 HIV나 암 등으로 면역력이 저하되어 오랫동안 코로나19를 앓고 있는 환자에게서 오미크론 변이가 발생했을 것이라는 가설이다. 면역 체계가 약화된 상태에서는 바이러스와 싸우는 데 더 오래 걸린다. 바이러스에게 사람의 면역 반응과 방어를 피하기 위해 돌연변이를 만들어 낼 충분한 시간을 벌어 주는 셈이다. 실제로 이런 환자들로부터 진화한 변이는 스파이크 단백질뿐 아니라 전체 유전체에 걸쳐 풍부한 돌연변이를 가지고 있는 것으로 알려져 있다. 오미크론 변이는 이들로부터 발견되는 변이와 비슷한 변이를 갖고 있어 가장 가능성이 높은 기원으로 보인다.

마지막으로 인간에서 동물로 코로나19 바이러스가 전염되었다가 다시 동물에서 인간으로 감염되었을 가능성이다. 코로나19 바이러스는 인간뿐 아니라 밍크, 생쥐, 사슴, 쥐에 이르기까지 수많은 동물을 감염시켰기 때문에 충분히 일어날 수 있는 일이다. 이런 여러 이유로 오미크론은 기존의 변이와 달라 기원을 예측하기 쉽지 않다.

오미크론 변이는 2022년의 코로나19 유행을 계속 주도하고 있다. 2022년 9월 2일 기준 BA.2, BA.4, BA.5 등의 이름이 붙은 오미크론 하위 변이가 계속 유행 중이다. 최근에는 BA2.75라는 변이가 등장했다. 이 변이들은 기존 오미크론 변이에 작은 변이들을 축적해 면역 반응을 더 잘 피하고 더 높은 전파력을 가진 것으로 보고되고 있다. 과학자들은 당분간은 오미크론의 하위 변이에서 파생된 변이들이 계속될 것이라고 전망하고 있다. 하지만 완전히 새로운 변이가 등장할 가능성도 없지는 않다. 만성 감염자들에게서 예측할 수 없는 새로운 변이가 언제든 출현할 수 있다.

INFECTION

03

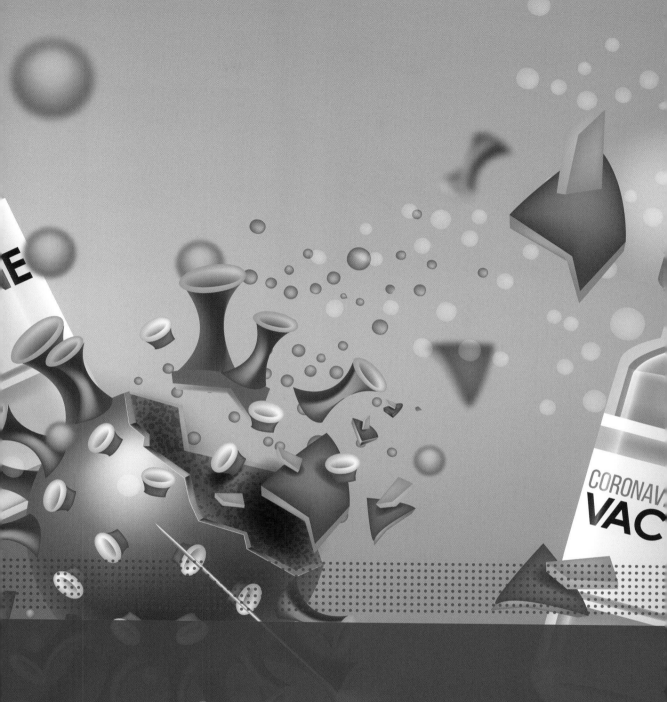

코로나19에 맞서는 무기,
백신과 치료제

 마스크 착용과 사회적 거리두기는 바이러스에 노출
되거나 다른 사람에게 전염시킬 가능성을 줄이는 데
도움이 된다. 하지만 당장 증상을 보이고 있는 환자
들을 위한 치료제와, 더 이상의 감염자가 발생하지 않도록 하는 백신
이 나오지 않고서는 결코 세계적 대유행을 끝낼 수 없다. 특히 백신
은 바이러스에 대항할 수 있는 가장 강력한 수단이자 근본적인 해결
책이라고 볼 수 있다.

백신은 감염병에 대한 면역 반응을 미리 얻기 위한 목적으로 만들
어진 물질이다. 백신의 면역 획득 역할에 대해 이해하기 위해서는 먼

저 우리 몸의 면역 체계에 대해 알 필요가 있다. 우리는 살아가는 동안 수많은 세균, 바이러스, 기생충과 같은 병원체의 침입을 받는다. 하지만 대부분은 아프지 않게 지나간다. 바로 이들의 침입에 대항하는 면역 체계가 있기 때문이다. 인간의 면역 체계는 '선천성 면역'과 '후천성 면역'으로 나뉜다. 두 시스템은 밀접하게 상호 작용하며 서로 직간접적으로 보완적인 역할을 한다.

선천성 면역은 병원체의 침입을 감지하고 즉시 반응하는 우리 몸의 첫 번째 방어선이라고 할 수 있다. 예를 들어 피부는 물리적 장벽을 형성해 병원체가 들어오지 못하도록 한다. 또 위장과 호흡 기관에서는 연동 운동이나 섬모에 의해 병원체를 바깥으로 내보낸다. 침, 땀, 눈물 등에도 병원체를 죽이는 성분이 포함되어 있다.

병원체가 피부와 점막 등 물리적 방어벽을 뚫고 체내에 침입하면, 침입 받은 세포가 혈관을 확장하고 투과성이 좋아지도록 하는 물질들을 방출한다. 이로 인해 감염 부위 주변이 부어오르고, 열이 나고 붉어지는데, 이를 염증 반응이라고 한다. 염증 반응을 통해 감염 부위로 백혈구와 같은 각종 면역 세포들이 모여든다. 백혈구는 세균과 바이러스를 삼키는 '식세포 작용'으로 병원체를 파괴하며 후천성 면역 반응이 일어날 수 있도록 시간을 벌어 준다.

하지만 침입한 병원체의 수가 많을 경우, 선천성 면역 반응으로는 병원체를 다 죽이지 못한다. 이럴 경우 후천성 면역계(적응 면역)가 그 역할을 맡는다. 후천성 면역의 주인공은 T세포와 B세포다. 두 세포는 모두 골수의 조혈 모세포에서 생성되는 림프구다. B세포는 골수에서 만들어지고 성숙되는 반면, T세포는 골수에서 만들어진 뒤 흉선으로 이동해 이곳에서 성숙된다.

B세포는 유전자 재조합을 통해 병원체, 즉 항원(외부 물질로 간주되어 면역 반응을 일으킬 수 있는 물질)에 반응할 수 있는 다양한 종류의 항체를 만든다. 성숙된 B세포는 비장이나 림프절을 돌아다니다가 외부 항원을 만나게 되면 활성화되어 해당 항원에 맞는 항체를 생성할 수 있는 형질 세포가 된다. 형질 세포는 매우 많은 양의 항체를 빠르게 생성해 혈액으로 방출한다. 항체는 Y자 모양의 단백질로, Y자의 위쪽에 항원과 결합할 수 있는 특이한 구조를 가지고 있다. 항원과 결합한 항체는 항원을 무력화시켜 세포에 감염할 수 없게 만들고, 다른 면역 세포를 활성화해 항원을 죽이도록 한다.

B세포 활성화

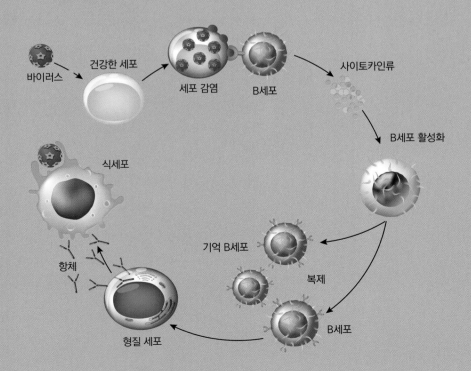

바이러스
건강한 세포
세포 감염
B세포
사이토카인류
B세포 활성화
식세포
기억 B세포
복제
B세포
항체
형질 세포

T세포는 크게 보조 T세포와 세포독성 T세포, 조절 T세포로 나눌 수 있다. 보조 T세포는 B세포와 다른 면역 세포를 활성화하는 역할을 하고, 세포독성 T세포는 바이러스에 감염된 세포를 직접 파괴하는 역할을 한다. 조절 T세포는 과도한 면역 반응이 일어나지 않도록 면역 반응을 조절하는 역할을 한다.

후천성 면역 반응에서 가장 중요한 것은 '기억 세포'의 형성이다. B세포와 T세포 모두 해당 항원에 대한 기억 세포가 생성되는데, 이 기억 세포는 나중에 같은 항원이 다시 침입했을 때 병원체에 특이적인 항체와 T세포를 빠르게 생산하도록 만든다. 그래서 면역계가 빠르고 강하게 방어할 수 있게 된다. 바로 이 기억 세포가 형성되는 후천성

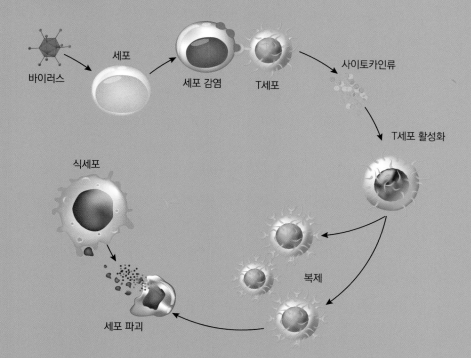

T세포 활성화

바이러스 · 세포 · 세포 감염 · T세포 · 사이토카인류 · T세포 활성화 · 복제 · 식세포 · 세포 파괴

면역 반응을 이용한 것이 백신이다. 질병을 유발하는 병원체에 미리 노출시켜 면역 기억을 얻게 한 뒤, 실제 병원체 침입에 대비할 수 있도록 만드는 것이다. 이를 위해 해당 병원체를 약화 또는 불활성화시키거나, 병원체의 독소 또는 표면 단백질을 사용해 백신을 만든다.

병에 걸리지 않더라도 백신을 이용하면 면역 기능을 얻을 수 있기 때문에 예방 접종은 감염병을 예방하는 가장 효과적인 방법이다. 실제로 백신 덕분에 완전히 박멸된 감염병도 있다. 바로 최초의 백신을 만들게 한 '천연두'다.

천연두는 두창 바이러스(Variola virus)에 감염되어 일어나는 질병이다. 두창 바이러스는 DNA 바이러스로, 인간 외에는 숙주가 없는 것으로 알려져 있다. 사람 간 비말이나 환자와의 직접 접촉, 타액 등에 의해 감염된다. 두창 바이러스는 심한 발진과 고열 등의 중증을 나타내며 30%의 치사율을 보이는 대두창 바이러스와, 경증의 증상을 보이는 소두창 바이러스 두 가지가 있다. 발진은 나중에 고름으로 변하고, 딱지가 생긴다. 딱지가 떨어진 자리에는 깊은 흉터가 남는다.

천연두의 기원은 알려져 있지 않다. 다만 기원전 1145년경 이집트의 람세스 5세(Ramesses V) 미라에서도 발견된 것으로 보아 아주 오래 전부터 인류를 괴롭힌 감염병이었을 것으로 추정된다. 이후 수 세기 동안 문명이 발전하고 무역로가 확장되면서 천연두도 전 세계적으로 퍼졌다.

천연두는 18세기 유럽에서 가장 크게 유행했다. 매년 천연두로 약 40만 명의 유럽인이 사망할 정도였다. 에드워드 제너(Edward Jenner)가 살던 영국도 예외는 아니었다. 당시 농촌에서 의사로 일했던 에드워드 제너는, 소의 젖을 짜는 여성은 천연두에 걸리지 않는 것을 발견했다. 이들은 소와 함께 일하다가 우두에 걸린 사람들이었다. 소의 우두 바이러스는 천연두를 일으키는 두창 바이러스와 같은 과에 속한다. 제너는 이를 보고 우두에 감염된 사람의 고름을 다른 사람에게 접종해 천연두에 대한 면역을 획득하게 하는 '우두법'을 고안해 냈다.

사실 제너의 우두법 이전에도 천연두를 예방하는 방법은 있었다. 천연두

환자의 상처에서 뽑아낸 고름이나 딱지를 피부에 상처를 내고 문지르는 방법으로, 이를 인두법이라고 불렀다. 중국과 인도, 튀르키예에서 시행되어 1721년에도 유럽으로 전파되었다. 인두법은 성공하면 면역력을 얻어 약하게 천연두를 앓고 지나갈 수 있었지만, 그렇지 못한 경우 고름에 남은 바이러스에 감염되어 사망하거나 또 다시 전염을 일으키는 등 무척 위험했다.

인두법에 비하면 제너의 우두법은 훨씬 안전했다. 그는 1796년 8세 소년에게 이 방법을 실제로 시험했다. 소년은 접종 후 열이 났지만 감염이 일어나지 않았다. 제너는 다른 사람에게도 추가 접종을 하면서 이 사례에 대한 연구 논문을 영국왕립학회에 보고했고, 우두법의 사용이 받아들여지게 되었다. 최초의 '백신'이 탄생한 순간이었다. 백신(vaccine)의 어원이 라틴어로 소를 뜻하는 'vacca'인 이유

천연두는 특유의 붉은 작은 반점 모양 피부 발진이 구강, 인두, 얼굴, 팔 등에 나타난 후 몸통과 다리로 퍼져 나간다.

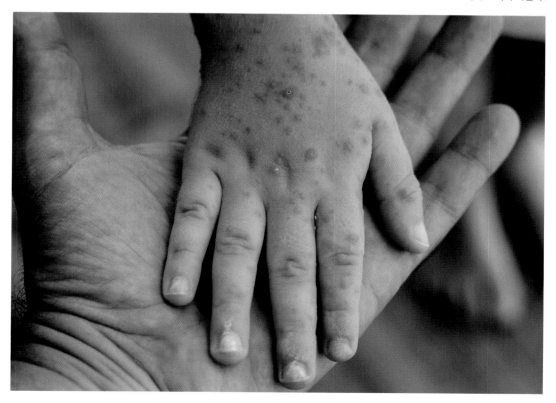

에드워드 제너
우두 접종 모습

가 여기에 있다.

백신 덕분에 인류를 오랜 시간 괴롭혔던 천연두는 1977년 이후로 지구상에서 완전히 사라졌다. WHO는 1980년에 천연두가 완전히 박멸되었다고 선언했다. 이외에도 소아마비, 홍역, 파상풍과 같은 많은 전염성 감염병이 백신으로 예방되고 있다.

이처럼 예방 접종이 결국 대유행에 대응할 수 있는 가장 효과적인 방법이기에 코로나19 대유행에는 유례없는 속도로 백신이 개발되었고, 2020년 말부터 영국을 시작으로 백신 접종이 이뤄졌다. 한국도

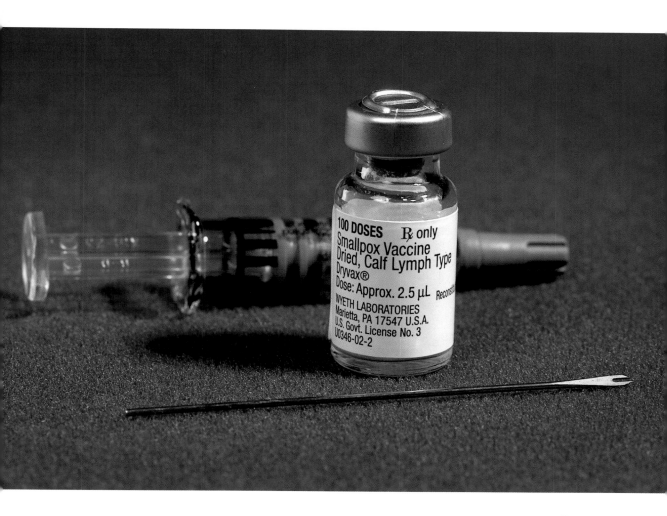

천연두 백신
©CDC

2021년 2월 26일부터 코로나19 백신 접종이 시작되었다. 2022년 9월 9일 기준 4,470만 명 이상이 백신을 접종해, 전 국민의 86.3%가 2차 접종을 완료했다. 치료제도 속속 개발되고 있다. 이 파트에서는 코로나19에 맞서는 무기, 백신과 치료제에 대해 살펴본다.

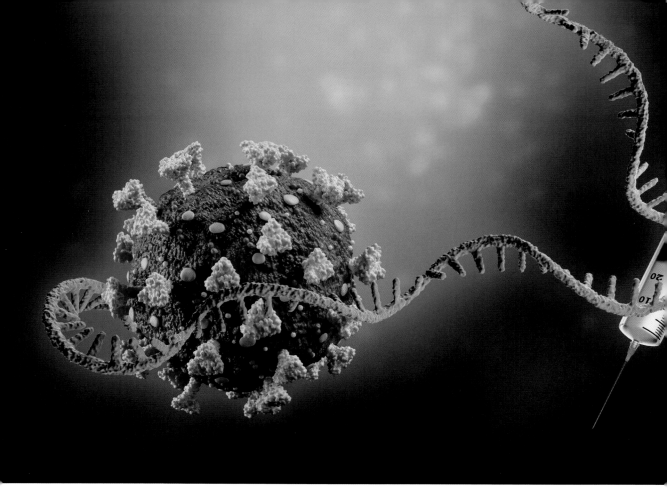

패러다임의 전환, mRNA 백신

코로나19 백신의 포문을 연 것은 화이자-바이오엔텍(BioNTech)과 모더나의 mRNA 백신이다. mRNA 백신이 세상에 나온 것은 이번이 처음이지만, 사실 mRNA 백신은 30년 넘게 연구되어 온 기술이다.

우선 mRNA(전령 RNA)가 무엇인지부터 알아보자. 생명체는 DNA의 유전 정보를 단백질로 번역한다. 그런데 DNA는 핵 안에 있고, 단백질을 만드는 공장인 리보솜은 핵 바깥의 세포질에 있다. 이때 DNA의 유전 정보를 리보솜으로 전달해 주는 '전령' 역할이 바로 mRNA가 하는 일이다. DNA의 유전 정보를 RNA로 복사하는 과정을 '전사'라고 하며, 전사된 RNA는 다시 단백질을 암호화하는 영역만 남는 가공 과정을 거쳐 최종 mRNA가 된다.

mRNA 백신 기술의 시작은 1987년으로 거슬러 올라간다. 미국의 바이러스학자이자 면역학자인 로버트 말론(Robert Wallace Malone)은 mRNA와 지질 방울을 섞어 이를 세포에 뿌렸다. 세포는 mRNA를 흡수해 단백질을 생산하기 시작했다. 말론은 전달된 mRNA를 통해 세포가 단백질을 생성할 수 있다면, RNA를 약물로도 사용할 수 있을 것이라는 기록을 남겼다. 이 획기적인 실험은 mRNA 백신 기술을 향한 첫 디딤돌이 되었다.

하지만 mRNA 백신 연구는 생각대로 순탄하게 흘러가지 않았다. 2000년대 이후 노바티스와 샤이어 등 여러 대형 제약회사가 mRNA 백신 분야에 진출했다. 독일의 바이오엔텍도 2008년에 설립되었고, 2010년에 설립된 모더나도 이 경쟁에 뛰어들었다. 하지만 수십 개의 실험실과 기업이 mRNA 백신을 개발하는 데 몰두했지만 mRNA 백신의 구성요소인 지질 입자와 mRNA의 올바른 비율을 찾는 데 어려움을 겪었다. 또 mRNA는 약물이나 백신으로 사용하기에는 너무 불안정하고 값비싼 물질이었다.

mRNA 백신을 쥐에게 주입하면 격렬한 염증 반응이 일어나는 것도 문제였다. 체내 면역 시스템이 mRNA를 외부 물질로 인식해 공격하기 때문이었다. 이런 여러 이유로 mRNA 백신 개발에 뛰어들었던 회사들은 연구를 포기하고 다른 곳에 투자를 하기로 결정했다.

그러다 2005년, 당시 미국 펜실베이니아 대학에서 근무하던 생화학자 카탈린 카리코(Katalin Kariko, 현재 독일 바이오엔텍 수석 부사장)와 드루 와이스먼(Drew Weissman) 미국 펜실베이니아 대학 의과대학 교수는 mRNA를 이루는 뉴클레오티드인 우리딘(uridine)을 변형했더니 세포가 mRNA를 적으로 식별하지 않고 면역 방어 시스템을 빠져나갈 수 있다는 것을 알아냈다.

화이자-바이오엔텍과 모더나는 이 기술을 바탕으로 mRNA 백신 개발에 착수해 상상하지 못한 빠른 속도로 코로나19 백신을 만들어 냈다. 보통 백신은 개발하기까지 10년 이상의 오랜 시간이 걸렸다. 코로나19 백신이 나오기 이전까지 가장 빨리 개발된 백신은 1960년대 개발된 유행성

mRNA

이하선염 백신으로, 약 4년이 걸렸다. 그런데 mRNA 백신은 개발부터 임상 시험, 승인까지 1년이 채 걸리지 않았다.

이렇게 획기적으로 시간을 단축시킨 데에는 세계적 대유행이라는 긴급한 상황과 막대한 자금 지원 등도 있었지만, 가장 큰 이유는 패러다임을 바꾼 아이디어 덕분이었다. 그동안 백신은 죽은 병원균이나 병원균을 불활성화해, 항원이 될 수 있는 병원체를 넣었다. 그런데 그 대신 항원을 만들 수 있는 '설계도'인 mRNA를 몸속에 넣은 것이다. 우리 몸의 세포는 설계도대로 스스로 항원을 생산해 면역 반응을 일으킨다.

코로나19 mRNA 백신은 코로나19 바이러스의 유전자 중 스파이크 단백질을 암호화하는 mRNA와, 이 mRNA를 감싼 지질 나노 입자로 이루어져 있다. 지질 나노 입자는 mRNA를 세포 안까지 안전하게 배달하는 역할을 한다. mRNA 백신이 체내로 주입되면, 세포는 단백질 합성 시스템을 이용해 스파이크 단백질을 합성한다. 우리 몸의 면역 체계는 이 스파이크 단백질을 외부 물질로 인식하고 이에 대응하는 항체를 만들어 코로나19 바이러스에 대한 면역을 획득하게 된다.

다만 더 강력한 면역 반응을 위해 화이자-바이오엔텍 백신은 3주 간격으로, 모더나 백신은 4주 간격으로 두 차례 나눠 접종한다. 1차 접종에서 설계도를 주입해 항체와 기억 세포가 생성되면, 2차 접종에서는 생성된 기억 세포가 빠르게 증식해 더 많은 수의 항체가 생성된다. 이를 위해 두 번 접종하는 것이다.

mRNA 백신 원리

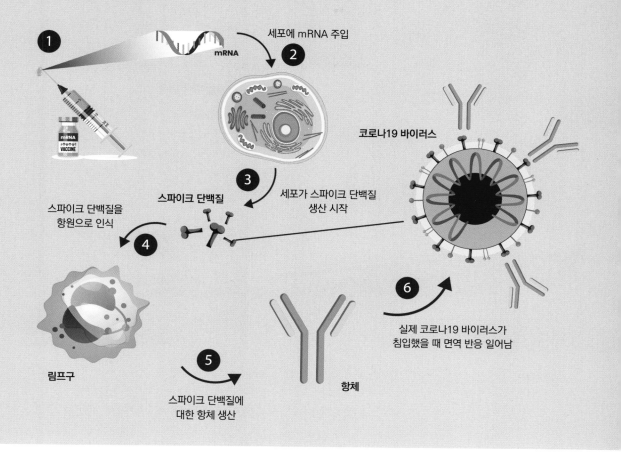

1

mRNA

2 세포에 mRNA 주입

코로나19 바이러스

3 세포가 스파이크 단백질 생산 시작

스파이크 단백질

스파이크 단백질을 항원으로 인식

4

6 실제 코로나19 바이러스가 침입했을 때 면역 반응 일어남

림프구

5 스파이크 단백질에 대한 항체 생산

항체

두 회사의 백신은 모두 수만 명을 대상으로 한 임상 시험에서 높은 예방률을 보였다. 2020년 11월, 화이자-바이오엔텍 백신은 임상 시험 3상에서 95%, 모더나 백신은 94%의 접종 효능을 보였으며, 모두 중증으로 진행되는 것을 막는 데 효과를 발휘했다고 발표했다. 현재는 델타 변이로 인해 감염 예방 효과가 다소 떨어지긴 했지만, 여전히 백신으로서의 효과는 유효하다.

만약 새로운 변이가 또 발생해 백신 효과가 무력해지더라도 mRNA 백신은 발 빠른 대응이 가능하다. 변이된 염기서열만 알 수 있다면, mRNA의 서열만 바꿔서 백신을 다시 만들어 접종하면 되기 때문이다. 실제로 코로나19 바

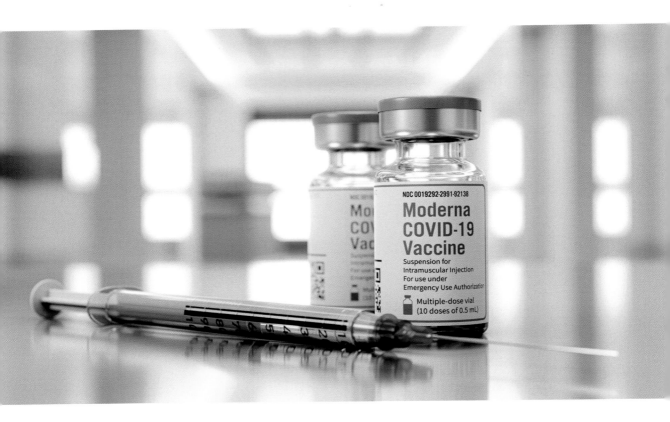

모더나 백신

이러스 유전체의 전체 염기서열이 공개된 후 모더나에서 백신을 만드는 데 고작 25일밖에 걸리지 않았다고 한다.

물론 mRNA 백신에는 단점도 있다. 보관과 유통에 한계가 있다는 것이다. mRNA는 불안정해서 쉽게 분해될 수 있기 때문에 보관 온도가 중요하다. 일반적인 백신은 4℃에서 냉장 보관을 할 수 있지만 화이자-바이오엔텍의 백신은 영하 70℃, 모더나 백신은 영하 20℃ 초저온 냉동고에서 보관해야 하기 때문에 운송이 까다롭다. 의료 시스템이 열악한 개발도상국에서는 mRNA 백신을 접종하기 어렵다.

이제 막 상용화되기 시작한 백신이기 때문에 생산 설비가 크지 않아 전 세계 수요를 감당할만한 물량을 생산하는 일도 난관이었다. 한국도 2021년 8월 계획된 모더나 백신 물량 공급에 어려움을 겪어

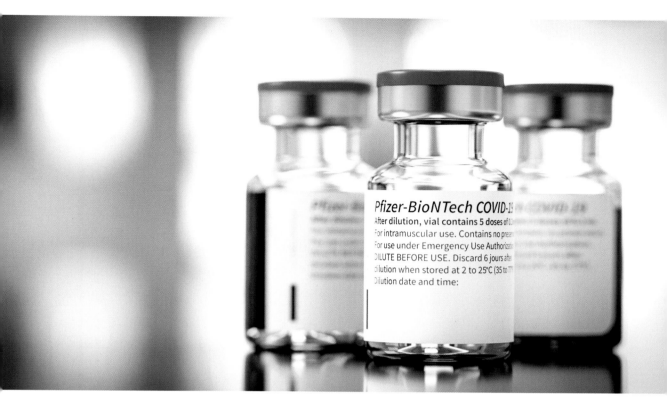

화이자 백신

접종 간격이 연장되기도 했다.

　mRNA 백신은 이제 막 세상에 나와 앞으로 더 개선되어야 할 지점이 많다. 하지만 그만큼 장점도 많고 효과도 입증되었기 때문에 앞으로의 감염병 예방에 널리 사용될 것으로 전망된다. 이전의 백신 생산 방법으로는 만들기 어려웠던 백신을 개발할 수도 있기 때문이다. 이미 지카 바이러스, 광견병 바이러스, 말라리아 바이러스 등에 대한 mRNA 백신이 개발되고 있다.

　mRNA 기술을 사용한 독감 백신도 개발되고 있는데, 예방 효과가 낮은 기존 백신을 대체할 수 있을 것이라는 기대가 크다. 독감 백신은 겨울철이 되기 한참 전에 어떤 바이러스종이 유행할지 예상해 만든다. 백신을 설계하고 개발하는 데 걸리는 시간이 있기 때문이다. 그래서 실제 유행하는 종과 일치하지 않을 수 있다. 미국 CDC에 따르면 2019~20년의 백신 예방율은 39%였던 반면, 2014~15년은 19%에 그칠 정도로 백신의 효과는 들쑥날쑥하다. 그럼에도 독감 백신은 효과가 있기 때문에 mRNA 기반 독감 백신이 나온다면 더 많은 사람의 목숨을 살릴 수 있을 것이라는 전망이 나온다. mRNA 기술로 독감 백신을 만들면, 달걀에서 몇 달간 바이러스를 배양해야 하는 기존의 방법과 다르게 짧은 기간에 빠르게 백신을 만들 수 있어 매년 유행하는 독감 바이러스 종류에 더욱 효과적으로 대응할 수 있다.

mRNA 백신은 바이러스 백신을 넘어 암 치료에도 연구되고 있다. 사실 mRNA 백신 기술은 백신보다 암 치료용으로 더 활발히 연구되었는데, 코로나19 백신이 성공을 거두면서 다시 암 치료에도 mRNA 기술을 도입하려는 연구가 활발하다. 암세포에 의해 발현되는 단백질을 암호화하는 mRNA를 암 환자에게 주입하면, 면역 체계가 암세포를 공격할 수 있도록 훈련할 수 있을 것이라는 아이디어를 갖게 된 것이다. 암세포에 의해 발현되는 단백질을 표적으로 삼으면 건강한 세포에 손상을 입히지 않고도 암과 싸울 수 있는 것이다.

실제로 많은 연구에서 효과가 나타났다. 2021년 9월 8일 바이오엔텍 연구팀은 mRNA 백신 기술을 이용해 쥐의 종양을 제거한 연구 결과를 국제학술지 〈사이언스 중개의학(Science Translational Medicine)〉에 발표했다. 연구팀은 흑색종이 있는 쥐 20마리에게 4종의 사이토카인을 만드는 mRNA를 주사했다. 그 결과 종양 근처의 면역 세포들이 사이토카인을 대량 생산하면서 면역 반응이 활발히 일어났고, 쥐의 종양 성장이 멈추거나 종양이 완전히 사라졌다. 연구팀은 이 결과를 바탕으로 사람을 대상으로 한 임상 시험을 시행할 계획이다. 현재 mRNA 기반 암 치료와 관련된 20개 이상의 임상 시험이 진행되고 있다. mRNA 기술을 이용하면 암 환자별 맞춤 치료도 가능하다. 환자마다 고유한 암 돌연변이 유전자를 식별한다면 환자 고유의 개별화된 백신을 설계해 치료할 수 있다.

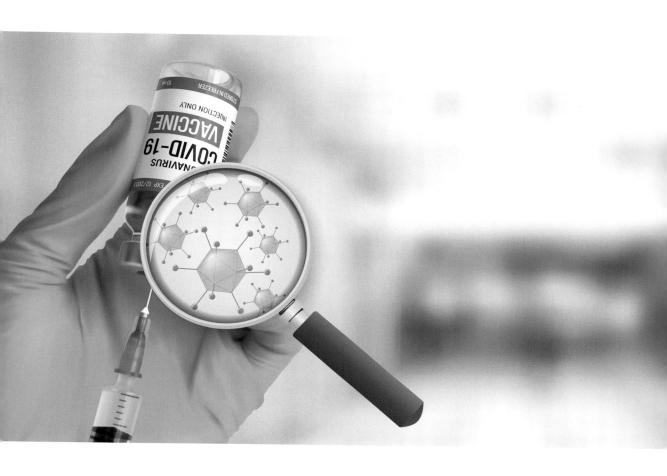

02 | 두 번째 주자, 바이러스 벡터 백신

화이자-바이오엔텍과 모더나의 mRNA 백신 외에 한국에서 승인된 또 다른 백신은 바이러스 벡터 기반의 백신이다. 아스트라제네카와 존슨앤존슨(J&J)의 얀센 백신이 여기에 해당한다. 또 한국에서는 승인되지 않았지만 러시아의 스푸트니크V 백신과 중국에서 개발된 칸시노 코로나19 백신이 바이러스 벡터 백신이다.

생물학에서 '벡터'란, 유전 물질을 인위적으로 전달하기 위해 매개체로 사용되는 DNA 분자를 말한다. 세균이 가진 원형 DNA인 플라스미드나 바이러스 등이 벡터로 많이 쓰인다.

바이러스 벡터 백신은 바이러스를 운반체로 사용한다. 운반체로 사용되는 바이러스 DNA는 질병을 유발하거나 복제를 가능하게 하는 유전자들을 모두 제거한 상태이기 때문에 우리 몸에 코로나19 바이러스의 유전자를 전달하는 역할만 할뿐 체내에 들어가도 증식하지 않는다.

바이러스 벡터로는 보통 아데노바이러스를 많이 사용한다. 아스트라제네카와 얀센 백신도 모두 아데노바이러스를 운반체로 선택했다. 다만 아스트라제네카는 침팬지를 감염시키는 아데노바이러스를 사용했고, 얀센은 사람을 감염시키는 아데노바이러스를 썼다. 아데노바이러스는 사람을 포함한 수많은 동물에 감염해 결막염, 위장염, 혹은 편도염, 인후염과 같은 가벼운 호흡기 질환을 일으킨다. 다른 바이러스 벡터보다 아데노바이러스 벡터를 많이 쓰는 이유는 원하는 유전자를 전달한 뒤에 숙주 세포의 DNA에 통합되지 않기 때문이다. 일부 바이러스 벡터는 숙주 세포의 DNA에 통합되어 잠재적으로 독성을 유발할 가능성이 있다. 이런 벡터는 예방 접종으로는 절대 불가능하다. 또 아데노바이러스를 이용한 벡터 백신은 강력한 면역 반응을 일으킬 수 있다는 장점도 있다.

코로나19 대유행 이전부터 바이러스 벡터 백신은 각종 감염병에 대한 백신 후보 물질 개발에 이용되어 왔다. 바이러스 벡터 백신이 처음 사용된 것은 에볼라 유행 때였다. '엘베보' 백신은 수포성 구내염 바이러스를 벡터로 사용해 에볼라 바이러스 표면의 당단백질 유전자를 전달하고, 이로 인한 면역 반응을 유발하는 방식이다. 2019년 WHO에 따르면 콩고민주공화국에서 의료 종사자들과 주요 접촉자들 9만 4천여 명에게 엘베보 백신을 접종한 결과 에볼라 감염을 예방하는 데 97.5%의 효과가 있는 것으로 나타났다.

코로나19 백신으로 개발된 바이러스 벡터 기반 백신도 mRNA 백신의 작용 메커니즘과 크게 다르지 않다. 다만 RNA가 아니라 코로나19 스파이크 단백질 DNA가 삽입되어 있는 바이러스 벡터가 세포 내로 들어간다는 점이 다르다. 이 DNA는 mRNA로 전사되어 스파이크 단백질로 합성되고, 우리 몸의 면역 시스템은 스파이크 단백질을 외부의 것으로 인식해 이에 대한 항체를 생성한다.

아스트라제네카 백신은 두 차례 접종하며, 1차 접종 후 76%의 예방 효과를 보였다. 12주 이상 간격으로 두 번째 접종 시 예방 효과는 82%로 증가했다. 얀센 백신은 66% 예방 효과를 보였는데, 다른 백신은 모두 두 번 접종해야 하는 번거로움이 있는 반면 얀센은 한 번만 접종해도 예방 효과가 있어 주목을 받았다. 노숙자나 난민처럼 병원에 대한 접근성이 낮은 사람들이나 두 차례에 걸친 백신 접종으로 시간을 내기 어려운 사람들에게 안성맞춤이었기 때문이다. 더구나 바이러스 벡터 백신은 다른 일반 백신들처럼 4℃ 냉장 보관이 가능하다는 장점도 있다.

아스트라제네카 백신

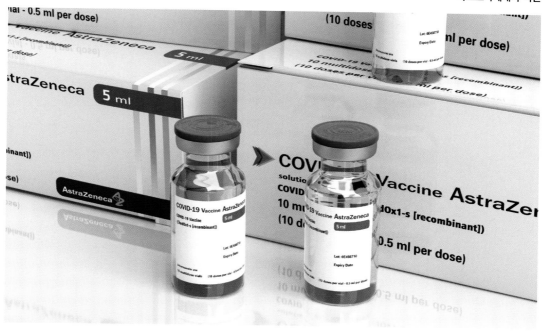

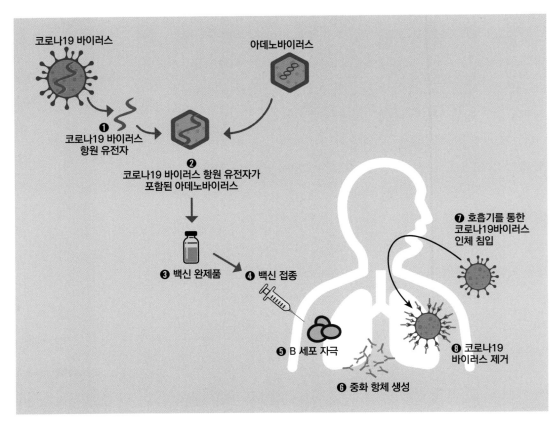

코로나19 바이러스

아데노바이러스

❶ 코로나19 바이러스
항원 유전자

❷ 코로나19 바이러스 항원 유전자가
포함된 아데노바이러스

❸ 백신 완제품

❹ 백신 접종

❺ B 세포 자극

❻ 중화 항체 생성

❼ 호흡기를 통한
코로나19바이러스
인체 침입

❽ 코로나19
바이러스 제거

바이러스
벡터 백신의 원리
ⓒ식품의약품안전처

　다만 우리 몸의 면역 시스템은 운반체인 아데노바이러스도 외부 물질로 인식한다. 실제로 아데노바이러스는 사람에게 흔한 바이러스다. 그래서 만약 우리 몸에 이미 아데노바이러스에 대한 항체가 있다면, 면역 체계로부터 공격을 받아 백신 효과가 줄어들 가능성이 있다. 그래서 아스트라제네카의 경우 인간에게 항체 농도가 낮은 침팬지 아데노바이러스를 선택했던 것이다. 하지만 항체가 없더라도 1차 접종 시 아데노바이러스에 대한 면역 반응이 생겨 2차 접종의 효과가 떨어질 가능성은 여전히 존재한다.

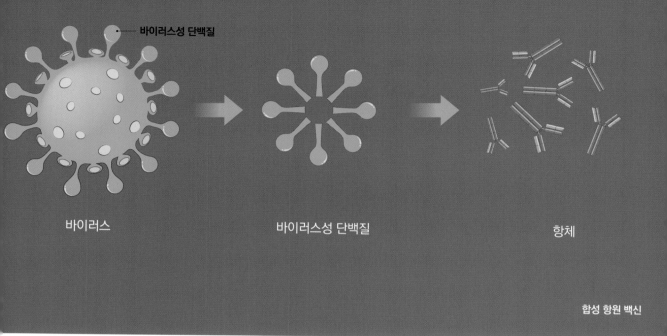

바이러스성 단백질

바이러스   바이러스성 단백질   항체

합성 항원 백신

후발주자, 합성 항원 백신

 앞선 백신들보다는 조금 늦었지만 '합성 항원' 방식의 백신도 출시되었다. 항원이 될 수 있는 바이러스의 껍질이나 단백질 등을 유전자 재조합 기술로 만든 백신을 말한다. B형 간염 백신과 자궁경부암을 일으키는 인유두종 바이러스(HPV) 백신 등이 이 방법으로 개발되어 수십 년간 사용되어 왔다. 이미 안정성이 검증된 방법이라고 할 수 있다.

 합성 항원 방식의 백신을 먼저 출시한 곳은 미국의 제약회사 노바백스다. 미국과 멕시코에서 2만 9,960명을 대상으로 임상 시험을 진행한 결과, 노바백스의 코로나19 백신(NVX-CoV2373)은 90.4%의 예방 효과를 보였다. 백신은 3주 간격으로 두 차례 접종하는데 한국에서는 2022년 2월부터 접종이 시작되었다.

 노바백스 백신의 대략적인 제조 과정은 이렇다. 먼저 코로나19 바이러스의 스파이크 단백질 유전자를 배큘로 바이러스의 유전체에 끼워 넣는다. 배큘로 바이러스는 나비와 나방 등의 곤충을 감염시키는

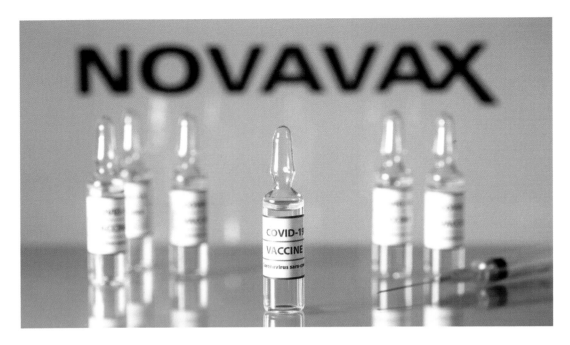

노바백스 백신

바이러스다. 스파이크 단백질 유전자가 삽입된 배큘로 바이러스가 나방 세포를 감염시키면, 그 안에서 증식하면서 스파이크 단백질도 함께 대량으로 합성한다. 이 스파이크 단백질만 정제해 얻은 뒤, 면역 증강제 역할을 할 사포닌(saponin)을 추가해 백신으로 만든다. mRNA 백신이나 바이러스 벡터 백신과의 차이를 쉽게 설명하면, 두 백신은 항원이 될 스파이크 단백질을 우리 몸에서 직접 만들도록 하는 반면, 재조합 백신은 항원이 될 스파이크 단백질을 대량으로 직접 넣어 준다는 것이다. 다만 이렇게 되면 보통 정제된 단백질만으로는 항체 반응이 약하기 때문에 면역 반응을 증가시킬 수 있는 면역 증강제를 꼭 함께 삽입해야 한다.

2022년 9월부터는 '국산 1호 백신'인 SK바이오사이언스의 '스카이코비원(Skycovione)'의 접종도 시작되었다. 미국 워싱턴 대학 연구팀과 함께 만든 스카이코비원은 노바백스와 마찬가지로 합성 항원 백신이다. 스파이크 단백질 중 ACE2 수용체와 결합하는 영역(RBD)의 단백질을 합성해, 축구공 모양의 나노 입자 표면에 부착했다. 연구팀이 국제학술지 〈셀〉 2020년 11월 25일

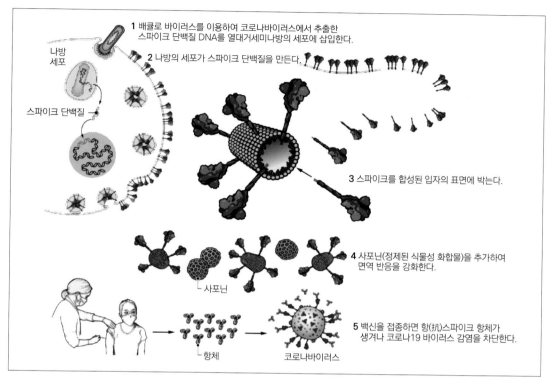

1 배큘로 바이러스를 이용하여 코로나바이러스에서 추출한 스파이크 단백질 DNA를 열대거세미나방의 세포에 삽입한다.

2 나방의 세포가 스파이크 단백질을 만든다.

나방 세포

스파이크 단백질

3 스파이크를 합성된 입자의 표면에 박는다.

4 사포닌(정제된 식물성 화합물)을 추가하여 면역 반응을 강화한다.

사포닌

5 백신을 접종하면 항(抗)스파이크 항체가 생겨나 코로나19 바이러스 감염을 차단한다.

항체

코로나바이러스

**노바백스 백신
제작 과정**
ⓒScience

자에 발표한 논문에 따르면, 이 백신은 5배 낮은 용량에도 불구하고 스파이크 단백질 전체를 사용하는 것보다 최소 10배 더 높은 항체를 만들 수 있었다.

합성 항원 백신은 기존 코로나19 백신에 대한 불신을 잠재울 것으로 기대된다. mRNA 백신이 신기술이라 안정성이 검증되지 않았다거나, mRNA 백신과 바이러스 벡터 백신의 이상 반응이 무서워 백신 접종을 거부했던 사람들에게 훌륭한 대안이 될 수 있다. 실제로 현재 전 세계에서 임상 시험 중인 50개 정도의 단백질 기반 코로나19 백신 중 어느 것도 심각한 부작용을 일으키지 않은 것으로 나타났다. mRNA 백신이나 바이러스 벡터 백신에서 흔하게 나타나는 두통, 발열, 메스꺼움 및 오한 등의 이상 반응조차도 단백질 기반 백신에서는 훨씬 덜한 것으로 보고되었다.

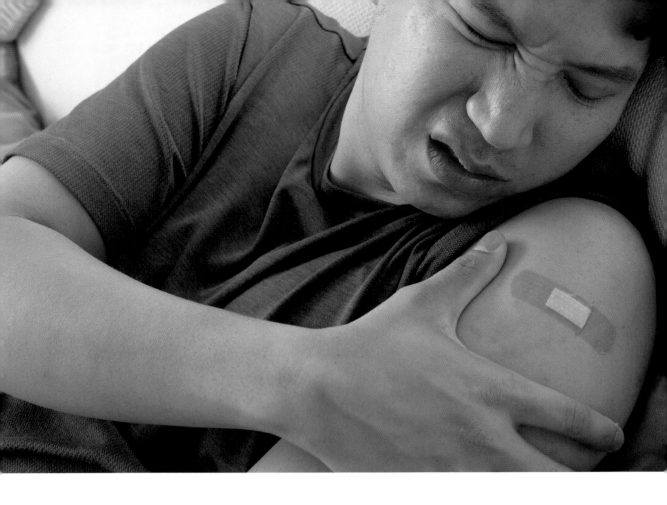

백신 접종으로
인한
이상 반응들

백신 접종자 수가 증가하면서 부작용을 호소하는 사람들도 많아졌다. 심지어는 백신 부작용이 두려워 백신을 맞지 않겠다는 사람도 나타났다. 백신 접종 후 가장 흔하게 나타나는 이상 반응은 접종 부위 통증이나 붓기, 발적 등이다. 또 발열, 피로감, 두통, 근육통, 오한 등이 나타날 수 있다. 이 증상들은 정상적인 면역 형성 과정에서 흔히 나타나는 반응으로, 대부분 3일 이내에 증상이 사라진다.

하지만 간혹 심각한 이상 반응을 보일 수 있다. 가장 대표적인 것이 '아나필락시스(anaphylaxis)'다. 아나필락시스는 백신뿐 아니라 항생제와 같은 약물, 음식 등 특정 물질에 노출되었을 때 곧바로 일어나는 심한 알레르기 반응이다. 백신 접

종 후 15분~30분 동안 병원에서 대기하는 이유가 바로 아나필락시스 반응이 일어나는지 여부를 지켜보기 위한 것이다. 아나필락시스 반응이 일어나면 전신 두드러기, 혀와 목의 부종, 호흡 곤란, 실신 등의 증상이 나타난다.

다만 아나필락시스가 일어나는 경우는 매우 드물다. 미국 CDC에 따르면, 미국에서 코로나19 백신을 접종받은 사람 100만 명 당 약 2~5명에게서 아나필락시스 반응이 일어났다. 한국에서는 2021년 11월 26일까지 아나필락시스로 1,525건이 신고되었으며, 그중 인과성이 인정된 사례는 533건에 불과했다. 그리고 아나필락시스 반응이 일어나더라도 곧바로 응급 처치를 받으면 바로 회복할 수 있다.

심지어 이전에 다른 물질에 아나필락시스 반응을 보였던 고위험군의 사람도 사전에 의료진에게 병력을 알리고, 의료진 감독 하에 백신을 접종받으면 큰 문제가 없는 것으로 보인다. 2021년 8월 31일 이스라엘 연구팀은 미국 의사협회 저널인 〈자마 네트워크 오픈(JAMA Network Open)〉에 아나필락시스 고위험군 429명을 대상으로 백신을 접종하고 그 결과를 발표했다. 429명 중 420명(97.9%)은 알레르기 반응을 보이지 않았고, 6명(1.4%)에서 경미한 알레르기 반응이 나타났다. 아나필락시스 반응이 나타난 것은 단 3명(0.7%) 뿐이었다. 연구팀은 아나필락시스 고위험군은 코로나19 백신을 접종했을 때 일반인보다는 아나필락시스 반응이 일어날 확률이 높지만, 의사와 미리 상담하면 안전하게 접종할 수 있다고 설명했다.

다만 폴리에틸렌글리콜(PEG)이나 폴리소르베이트80에 심한 알레르기 반응이 있던 사람들은 백신 접종에 유의해야 한다. PEG는 치약과 샴푸, 비누, 바디로션, 화장품 등 우리 일상용품에 광범위하게 포함되어 있는 물질로, 화이자-바이오엔텍과 모더나 백신에서 mRNA를 운반하는 지질 나노 입자를 안정화시키는 역할을 한다. 아스트라제네카와 얀센 백신에는 폴리소르베이트80이 포함되어 있는데, 이 물질은 계면 활

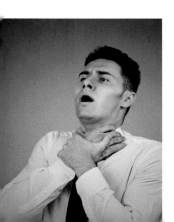

성제나 유화제로 기존의 많은 백신이나 주사 약물에 사용되어 왔다.

아나필락시스 이외의 코로나19 백신에서 특이 사항으로 보고된 이상 반응에는 '혈소판 감소성 혈전증'이 있다. 혈전은 피가 굳어진 덩어리인데, 혈전이 혈관을 막게 되며 발생하는 것이 혈전증이다. 혈소판 감소성 혈전증은 낮은 혈소판 수치와 함께 흔하지 않은 부위인 뇌, 장 등에 혈전이 형성되는 증상을 보인다. 10만 명당 한 명 꼴로 아스트라제네카와 얀센 백신을 맞은 사람에게서 아주 드물게 나타났다. 한국에서는 지금까지 총 3명의 혈소판 감소성 혈전증 환자가 발생했다.

백신이 어떻게 혈소판 감소성 혈전증을 일으키는지에 대한 원인은 아직 연구 중이다. 최근 캐나다 맥마스터 대학 연구팀이 국제학술지 〈네이처〉 2021년 7월 7일 자에 약간의 실마리를 풀었다. 연구팀은 백신을 접종한 뒤 혈소판 감소성 혈전증이 발생한 환자 5명의 샘플에서, PF4라는 혈소판 단백질에 결합하는 항체를 발견했다. 이 항체는 혈소판을 활성화해 혈전을 만든다.

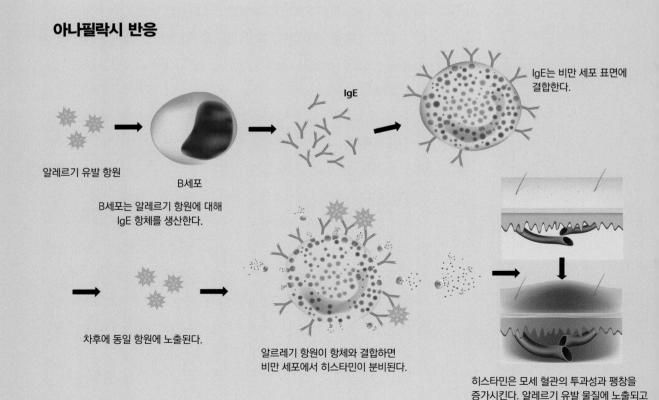

아나필락시 반응

알레르기 유발 항원

B세포

B세포는 알레르기 항원에 대해
IgE 항체를 생산한다.

IgE

IgE는 비만 세포 표면에
결합한다.

차후에 동일 항원에 노출된다.

알르레기 항원이 항체와 결합하면
비만 세포에서 히스타민이 분비된다.

히스타민은 모세 혈관의 투과성과 팽창을
증가시킨다. 알레르기 유발 물질에 노출되고
나서 수 분 내로 급격하게 전신에서 증상이
일어나는 것이 아나필락시스다.

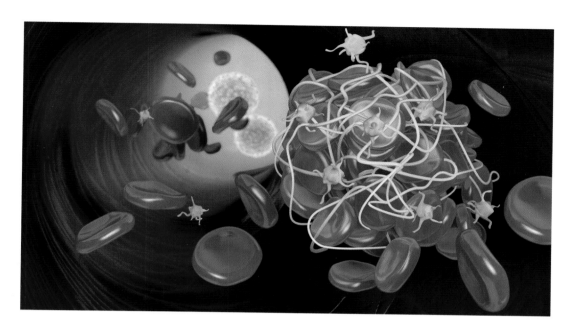

혈전은 혈관 속에서
피가 굳어진
덩어리를 말한다.

하지만 이 항체가 어떻게 생성되는지, 왜 혈전을 일으키는지는 밝혀지지 않았다. 일부 과학자들은 백신 제조 공정에서 남은 불순물이 PF4와 상호 작용해 혈전을 일으킬 수 있다는 가설을 제안했다. 반면 아데노바이러스 자체가 범인일 수 있다고 생각하는 과학자들도 있다. 2007년 〈미국혈액학회지(Blood)〉에 쥐를 대상으로 한 동물 실험에서 아데노바이러스가 쥐의 혈소판과 결합해 혈소판 수치를 떨어뜨렸다는 연구 결과가 발표된 적이 있다. 현재 과학자들은 더 안전한 아데노바이러스 벡터 백신을 개발하기 위해 노력하고 있다.

화이자-바이오엔텍과 모더나의 mRNA 백신은 접종 후 드물게 심근염과 심낭염이 발생하는 부작용이 보고되었다. 심근염은 심장의 근육에, 심낭염은 심장을 둘러싼 막에 생기는 염증이다. 백신을 접종한 뒤 가슴 통증이나 압박감, 불편감, 숨가쁨, 심장 두근거림이 있다면 심근염과 심낭염을 의심해 보아야 한다. 대부분 접종 후 4일 이내에 발생하며, 2차 접종 후 더 많이 발생하는 것으로 알려져 있다. 특히 젊은 나이(16~30세)

의 남성에게서 더 자주 발생했다. 다행히 대부분 가벼운 증상을 나타내며 치료하면 빠르게 호전된다. 2021년 11월 25일까지 한국에서 백신 접종으로 인한 심근염과 심낭염 발생 사례는 232건으로, 화이자-바이오엔텍 백신 162건, 모더나 백신 70건으로 나타났다.

원래 심근염과 심낭염은 바이러스 감염으로 인해 흔하게 발생한다. 코로나19 바이러스에 감염되어도 심근염과 심낭염에 걸릴 위험이 크다. 그런데 mRNA 백신이 왜 심근염과 심장염을 유발하는지에 대해서는 아직 정확히 밝혀지지 않았다. 2021년 12월 9일 국제학술지 〈네이처 리뷰 심장학(Nature Reviews Cardiology)〉에 실린 'COVID-19 mRNA 백신 접종 후 심근염: 임상 관찰 및 잠재적 기전' 논평에서 몇 가지 가설이 제시되었다. 먼저 몸에 들어온 mRNA를 면역 체계가 항원으로 인식해 강력한 면역 반응을 일으킬 수 있다는 것이다. mRNA의 면역 반응을 줄이기 위해 뉴클레오티드를 변형한 mRNA 기술이 개발되었지만, mRNA에 대한 면역 반응이 아예 일어나지 않는다고 할 수 없다. 또 코로나19 스파이크 단백질과 비슷한 자가 항체가 심장에 있을 경우 과도한 면역 반응을 일으켜 심근염이나 심낭염을 발생시킬 수도 있다. 마지막으로 여성보다 남성 환자의 비율이 많은 것으로 보아, 호르몬 신호 전달의 차이가 심근염과 심낭염을 유발할 수 있다. 테스토스테론(testosterone)은 항염증 면역 세

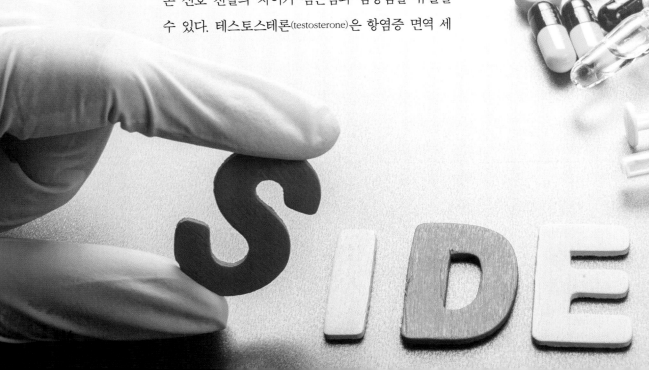

포를 억제하고 공격적인 면역 반응을 촉진할 수 있다. 반면 에스트로겐은 면역 억제 효과가 있다.

2021년 10월 스웨덴과 덴마크, 핀란드 등의 일부 유럽 국가에서는 심근염과 심낭염 위험이 크다며 30세 이하에게 모더나 백신 접종을 중단했다. 질병관리청도 11월, 예방 접종전문위원회의 자문을 받아 안전을 위한 선제적 조치로 30세 미만에 대해 모더나 백신 접종을 중단하고 화이자 백신 접종을 권고했다. 하지만 mRNA 백신 접종 후 심근염과 심낭염은 매우 드문 부작용이며, 코로나19에 감염되어 심근염과 심낭염에 걸릴 위험보다 높지 않다. 코로나19에 감염되어 심근염과 심낭염에 걸릴 위험이 100배 더 높다.

또 코로나19 백신 접종 후 많은 여성에게서 월경 주기 이상이나 부정 출혈, 심한 생리통 등의 이상 반응이 보고되었다. 이 이상 반응은 mRNA 백신과 아데노바이러스 벡터 백신의 종류에 상관없이 나타나, 특정 백신의 성분 때문이 아닌 백신 접종 자체에 대한 면역 반응의 결과일 것으로 생각된다. 자궁은 수정란의 착상에 대비해 자궁 내막을 두껍게 만들고, 착상이 되지 않

으면 내막이 허물어지며 월경이 시작된다. 이 과정에 면역
세포와 염증 반응이 관여한다. 이 때문에 백신 접종이 월
경 주기에 영향을 미칠 수 있다는 것이다. 전문가들은 이
부작용이 일시적일 것으로 보고 있다.

하지만 월경 관련 이상 반응은 코로나19 백신뿐 아
니라 그동안 백신을 포함한 약물 임상 시험에서 고려되
지 않았다. 임상 시험의 기준은 항상 남성이었기 때문
이다. 이로 인해 여성의 건강 논의에 소홀했다는 비판
으로 이어졌다. 이에 미국 국립보건원(NIH)은 2021년 8
월 하버드 대학, 존스홉킨스 대학 등 5개 대학과 함께
코로나19 백신과 월경 주기 관계에 대해 연구하겠다는
입장을 밝혔다.

지금까지 코로나19 백신과 이상 반응, 부작용에 대한 사
례를 살펴보았다. 하지만 백신 접종 이후에 아무런 이상
반응이 일어나지 않을 수도 있다. 그런데 이상 반응에
대한 언론 보도가 잦다 보니 오히려 아무런 이상 반응
이 나타나지 않으면 백신 효과가 없는 것 아니냐는 우려
도 있었다. 코로나19 백신 접종 후 이상 반응의 발생 여
부와 항체 형성과는 아무런 관련이 없다. 2021년 5월 서
울대병원과 분당서울대병원 공동 연구팀은 2021년 3~4
월 사이에 아스트라제네카 백신과 화이자-바이오엔텍
백신을 접종한 135명을 대상으로 백신 부작용과 항체
형성 사이의 연관성을 평가했다. 그 결과, 두 백신 모두
부작용과 항체 형성 사이에는 관련이 없었다.

05

앞으로 출시될 코로나19 백신 들은?

화이자-바이오엔텍과 모더나, 아스트라제네카, 얀센 등의 1세대 코로나19 백신은 코로나19의 확산을 억제하는 데 큰 역할을 했다. 하지만 대유행이라는 급하고 예측 불가능한 상황에 빠르게 대처하기 위해서는 다양한 종류의 백신이 개발되어야 한다. 과학자들은 제조와 보관, 유통이 더 쉽고 효과가 더 좋은 백신을 만들기 위해 모든 백신 개발 전략을 총동원하고 있다. 앞으로 어떤 새로운 종류의 백신들이 등장할까.

세포 대신 식물을 이용하는 코로나19 백신이 곧 출시될 것으로 보인다. 항원이 될 스파이크 단백질 유전자를

메디카고에서는 식물을
이용한 백신을 만들고 있다.
ⓒ메디카고

식물 DNA에 주입해, 식물에게서 스파이크 단백질을 대량으로 합성
하게 한 뒤, 단백질만 추출해 백신으로 만드는 것이다. 온실에서 식
물을 4~6일 정도 키워 단백질을 수확하면 되므로 제조 과정이 비교
적 간단하다는 장점이 있다.

캐나다 제약회사인 메디카고가 이 방식의 코로나19 백신을 개발
하고 있다. 2021년 12월 7일 메디카고는 전 세계 6개국 2만 4,000명
이상의 성인을 대상으로 한 임상 3상 시험 결과, 델타 변이에 대해
75.3%의 예방 효과를 나타냈다고 발표했다. 심각한 부작용 사례도
보고되지 않았다. 메디카고는 해당 연구 결과를 곧 동료 심사를 거
쳐 논문으로 발표할 예정이며, 캐나다에 승인을 신청할 계획이다.

mRNA 백신의 단점을 보완한 '자가증폭 RNA 백신'도 개발되고
있다. 기존 mRNA 백신은 주입한 mRNA 양이 곧 항원이 될 수 있

는 스파이크 단백질의 양이 된다. mRNA가 분해되면 더 이상 스파이크 단백질을 생산할 수 없기 때문이다. 그래서 원하는 만큼의 면역 반응을 일으키려면 용량을 많이 투여하거나 여러 번 반복 투여해야 한다.

이를 개선하기 위해 등장한 것이 자가증폭 RNA 백신이다. mRNA에 RNA 복제효소 유전자를 함께 넣는 것이다. 세포 내에서 복제효소가 합성되면 mRNA를 계속 생산하고, 이에 따라 스파이크 단백질도 계속 합성될 수 있다. 항원이 계속 유지되기 때문에 오랫동안 강력한 면역 반응을 유발할 수 있어 추가 접종이 필요하지 않다.

2021년 영국 임페리얼칼리지런던 연구팀은 $0.1{\sim}10\mu g$(마이크로그램)의 다양한 용량의 자가증폭 RNA 백신을 18~45세 사이의 참가자 192명에게 4주 또는 14주 간격으로 투여했다. 그 결과 87%의 사람들에게서 코로나19에 대한 항체가 생성되었다. 화이자-바이오엔텍과 모더나의 mRNA 백신 용량은 각각 $30\mu g$과 $100\mu g$이다. 이 mRNA 백신들과 비교했을 때 훨씬 더 낮은 용량으로도 사용할 수 있다. 그래서 같은 용량이면 많은 양의 백신을 생산할 수 있고, 부작용도 심하지 않은 것으로 보인다. 연구 참가자들이 경험한 부작용은 오한과 근육통이 가장 흔했으며, 알레르기 반응은 없었다고 발표했다. 연구팀은 매우 낮은 용량을 사용해도 일관되고 강력한 면역 반응을 일으킬 수 있도록 목표를 두고 개발하고 있다.

RNA가 아닌 DNA를 이용한 백신도 개발되고 있다. 인도 정부는 2021년 8월 20일 세계 최초로 DNA 기반 코로나19 백신인 '자이코브디(ZyCoV-D)'의 긴급 사용을 승인했다. 자이코브디는 인도의 제약회사 자이더스 캐딜라가 개발했다. 자이코브디는 3회 접종하며, 임상 3상 시험의 중간 데이터 발표에 따르면 66.6%의 예방 효과를 보였다고 한다.

DNA 백신은 플라스미드 DNA를 이용한다. 플라스미드 DNA는 세균이 자신의 유전체 이외에 별개로 갖고 있는 원형의 작은 DNA로, 항생제 내성 유전자와 같이 생존에 유리한 유전자를 갖고 있다. 플라스미드는 생물학 연구에서 유전자 재조합 기술 등에 매우 흔하게 쓰인다. 플라스미드 DNA에 코로

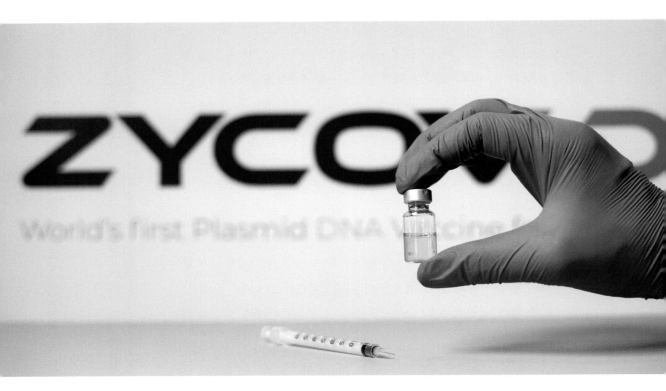

DNA 백신 자이코브디

나19 바이러스의 스파이크 단백질 유전자를 끼워 넣고, 플라스미드를 대장균에게 대량으로 증폭하게 하여 백신으로 만든다. 플라스미드가 세포의 핵에 들어가면 mRNA로 전사되고 스파이크 단백질로 합성된다. 다른 백신과 마찬가지로 스파이크 단백질이 외부 물질로 인식되어 면역 반응이 일어난다. 플라스미드는 세포의 DNA에 삽입될 위험이 없으며, 몇 주에서 몇 달 이내에 분해된다. DNA는 RNA보다 안정적이라 보관도 쉽다. 일반 냉장 온도(2~8℃)에서도 보관 가능하다. 자이코브디는 최소 3개월간 안정적으로 보관 가능하다고 한다.

하지만 mRNA 백신이 세포질까지만 도달하면 되는 것과 달리, DNA 백신은 세포의 핵까지 플라스미드 DNA를 도달하게 만들어야 한다. 바로 이것이 DNA 백신의 가장 큰 문제점이다. 지금까지 많은 연구팀이 DNA 백신을 개발하기 위해 노력해 왔지만 플라스미드를

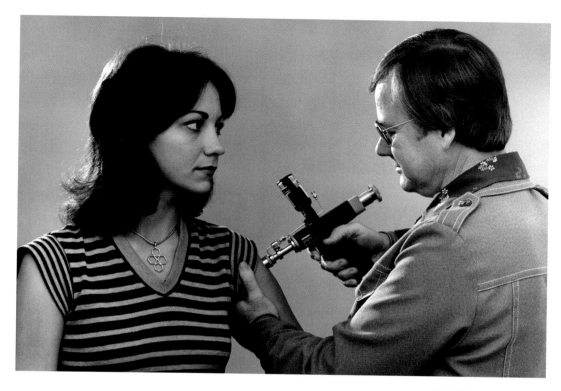

제트 인젝터 의료용 주사기로 바늘로 인한 통증을 느낄 필요 없이 주사를 맞은지도 모르게 약물을 인체에 침투시킨다.

세포핵에 넣는 일이 매우 어려워 원하는 만큼의 면역 반응을 일으키기가 쉽지 않았다. 그래서 지금까지 DNA 백신은 말과 같은 동물의 백신으로만 사용되어 왔다.

그래서 자이코브디는 근육에 주사를 놓는 방법이 아닌, '무바늘 투여기(jet injector)'를 통해 피부 속으로 투여한다. 무바늘 투여기는 고압의 액체 제트가 피부를 관통해 약물을 전달하는, 바늘 없는 주사기의 일종이다. 이를 통해 DNA를 세포까지 효과적으로 전달할 수 있다. 또 피부 아래에는 면역 세포가 풍부해 백신이 효과적으로 기능할 수 있다. 접종할 때 통증이 없어 주사 바늘을 무서워하는 어린이나 성인도 쉽게 맞을 수 있다는 장점이 있다.

자이더스 캐딜라는 3회 접종이 부담되는 사람들을 위해 접종 횟수를 줄일 수 있는 추가 연구를 할 예정이라고 밝혔다. 이외에도 현재 많은 회사들이 DNA 백신을 개발하고 있거나 임상 시험 단계에 돌입해 있다. 한국의 제약회사도 있는데, 제넥신, 진원생명과학이 DNA 백신을 개발 중이다. 제넥신이 개발한 GX-19N은 스파이크 단백질에 RNA를 감싸고 있는 뉴클레오캡시드 단백질을 추가한 DNA 백신이다. 현재 글로벌 임상 2/3상의 승인을 기다리고 있는 중이다. 진원생명과학의 DNA 백신(GLS-5310)은 임상 1/2상 시험을 진행하고 있다.

코로나19 바이러스를 사멸시키거나 불활성화시켜 항원으로 주입하는 전통적 방식의 코로나19 백신도 있다. 불활화 백신(inactivated vaccine)은 면역 반응이 자연적으로 발생하는 것과 비슷하고, 강력한 면역 반응을 일으킨다는 장점이 있다. WHO에서 승인하여 아시아를 비롯, 전 세계에 널리 사용되고 있는 중국의 시노백, 시노팜 백신이 그것이다. 하지만 두 백신은 임상 자료도 불분명하며 효능이 입증되지 않아 한국에서는 사용되지 않고 있다.

미국과 유럽 내에서 개발 중인 코로나19 백신 가운데 유일하게 불활화 백신을 개발 중인 곳은 프랑스 백신 전문 기업 발네바다. 2021년

DNA 백신은 플라스미드 DNA를 주입해 체내에서 스파이크 단백질 유전자를 복제, 전사해 단백질로 합성하는 방식이다.

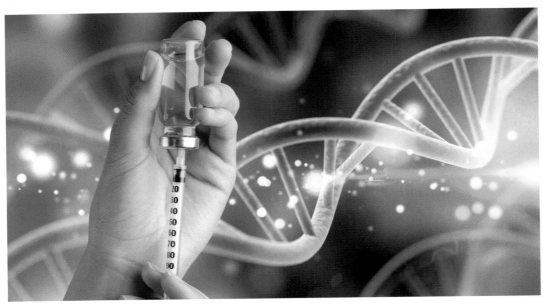

호주 퀸즐랜드 대학과
바이오 기업 백사스 공동
연구팀이 개발한 '핵사프로
(Hexapro) 코로나19
스파이크' 백신
ⓒVaxxas

10월 18일 발네바는 개발 중인 불활화 백신(VLA2001)에 대한 임상 3상 시험 결과를 발표했다. 발네바는 영국에서 총 4,012명을 대상으로 한 임상 3상 시험에서 중화 항체 수치가 4배 이상 증가했으며 코로나19에 대한 면역력을 가진 사람의 비율이 95%가 넘었다고 밝혔다. 스파이크 단백질 뿐 아니라 코로나19의 뉴클레오캡시드 단백질(N), 막 단백질(M)에 대한 면역 반응이 일어났다. 발네바는 임상 결과를 바탕으로 영국 의약품건강관리제품규제청(MHRA)과 유럽 의약품청(EMA)에 승인을 받기 위한 준비를 시작한다고 발표했다.

주사가 아닌 다른 방법으로 투여 받는 백신도 개발 중이다. 호주 퀸즐랜드 대학 연구팀은 피부에 붙이는 패치 형태의 코로나19 백신을 개발해 국제학술지 〈사이언스 어드밴시스〉 2021년 10월 29일 자에 발표했다. 연구팀은 가로세로 각각 1cm 크기에 길이가 $250\mu m$인 미세 바늘이 5,000개 박혀 있는 패치를 제작하고, 각 바늘에 코로나19 백신을 건조해 코팅했다. 이를 쥐의 피부에 붙였더니 주삿바늘로 전달되는 백신보다 더 높은 수준의 중화 항체를 생성했다.

연구팀은 사람을 대상으로 한 임상 시험을 곧 시작하겠다고 밝혔다. 일반 주삿바늘과 달리 패치 속 미세바늘은 통증을 유발하지 않아 거부감 없이 접종받기 쉬울 것으로 보인다. 또 연구팀은 패치 형태의 백신이 실온에서 최대 한 달간, 40℃에서도 최대 일주일 동안 안정적으로 유지된다는 것을 확인했다. 냉장 보관이 어려운 곳에서도 패치 형태의 백신이 유용할 것으로 기대된다.

콧속 점막에 백신을 투여하는 '비강 백신'도 개발되고 있다. 근육에 주사하는 백신보다 비강 백신은 몇 가지 장점을 가진다. 우선 코로나19 바이러스는 코와 상기도의 점막을 통해 감염된다. 그래서 코에 직접 백신을 맞으면 상부 호흡기와 폐의 면역이 크게 향상되어 해당 부위에 국소적인 면역 반응이 일어날 수 있다. 즉, 감염이 일어나는 코, 기도 등의 부위에 더 집중적으로 면역 반응을 일으키도록 할 수 있다는 것이다. 비강이나 폐에 상주하는 기억 B세포와 T세포가 생성된다면 바이러스가 들어왔을 때 신속하게 제거할 수 있다. 또 점막에만 분비되는 IgA 항체와 관련된 면역 반응도 유발할 수 있다.

미국 예일 대학 의과대학과 아이칸 의과대학 공동 연구팀은 비강 내로 백신을 투여하면 IgA 항체 반응이 일어난다는 연구 결과를 2021년 12월 10일 국제학술지 〈사이언스 면역학(Science Immunology)〉에 발표했다. IgA는 코, 위, 폐 등에서 발견되는 점막 표면에서 국소적으로 작용하는 항체다. 연구팀은 IgA 면역 반응을 유발하도록 설계된 독감 백신을 쥐에게 투여한 후 여러 종류의 인플루엔자 바이러스에 노출시켰다. 그 결과, 비강 내로 백신을 투여 받은 쥐가 주사로 백신을 투여 받은 쥐보다 인플루엔자 바이러스로부터 훨씬 더 잘 보호된다는 것을 발견했다. 주사와 비강 투여 모두 생쥐의 혈액 내 항체 수치가 증가했지만, 비강 백신을 투여 받은 생쥐만이 IgA 항체를 분비했고 바이러스에 대한 면역 반응도 더 향상되었다. 연구팀은 현재 코로나19 비강 백신에 대한 동물 실험을 수행하고 있다.

2021년 미국 워싱턴 대학 의과대학과 미국 국립알레르기·감염병연구소

코로나19가 코와 입을 통해 감염되므로 근육에 맞는 백신보다는 코에 직접 백신을 주사하는 비강 백신이 개발되고 있다.

(NIAID) 공동 연구팀은 침팬지 아데노바이러스 벡터 백신을 붉은털원숭이 12마리의 비강에 투여해 그 결과를 국제학술지 〈셀 리포츠 메디신(Cell Reports Medicine)〉 2021년 4월 20일 자에 발표했다. 연구팀은 1회 투여 후 3주 이내에 중화 항체가 생성된 것을 확인했으며, 한 달 뒤에 코로나19 바이러스에 노출시켰더니 대조군에 비해 훨씬 낮은 RNA가 검출되어 바이러스로부터 보호하는 효과가 있음을 확인했다.

미국 아이오와 대학과 조지아 대학 공동 연구팀도 비강 코로나19 백신을 개발해 국제학술지 〈사이언스 어드밴시스〉 2021년 7월 2일 자에 발표했다. 연구팀은 파라인플루엔자 바이러스5(PIV5)를 이용한 바이러스 벡터 백신을 개발했는데, 이 백신은 비강과 기도를 둘러싸고 있는 점막 세포를 표적으로 했다. 이 점막 세포는 대부분의 코로나19 바이러스의 주요 진입점이자 바이러스의 초기 복제 부위다. 여기서 증식된 바이러스는 폐와 신체의 다른 기관에 깊숙이 침투해 더 심각한 증상을 나타낼 수 있다.

연구팀은 백신을 쥐의 비강에 투여한 후 코로나19 바이러스에 노출시켰다. 그 결과, 면역력을 획득해 코로나19에 감염되지 않았다. 또 흰 족제비

를 대상으로도 같은 실험을 수행한 결과 마찬가지로 감염을 예방하는 것으로 나타났으며, 코로나19에 감염된 흰 족제비와 접촉해도 코로나19 바이러스에 감염되지 않았다.

현재 WHO에서 공개한 자료에 따르면, 2021년 12월 10일 기준으로 전 세계에서 개발되고 있는 백신 중 비강 코로나19 백신은 8가지가 있다. 아스트라제네카는 자신들의 백신을 비강에 뿌리는 백신의 형태로 제형을 바꿔 임상 시험을 진행 중이다.

먹는 형태의 코로나19 백신도 개발되고 있다. WHO 자료에 따르면, 12월 10일 기준으로 경구용 백신을 개발하고 있는 곳은 총 네 곳이 있다. 이중 미국의 생명공학 기업 백사트(VXRT)는 임상 2상 단계를 진행 중이다. 백사트의 경구용 백신(VXA-CoV2-1)은 아데노바이러스 5형을 벡터로 사용하는 바이러스 벡터 백신으로, 알약 형태로 섭취하도록 만들었다. 백사트의 알약 백신은 위산의 낮은 pH도 견딜 수 있도록 코팅되어 있다. 위를 지나 소장 하부에 도달하면 알약이 흡수되면서 아데노바이러스 벡터가 방출되어 상피 세포로 들어간다. 다른 바이러스 벡터 백신처럼 스파이크 단백질을 만들고, 이를 외부 물질로 인식해 면역 반응이 일어난다. 여기에 더해 면역 체계를 활성화하는 보조제를 암호화하는 유전자를 함께 넣어, 광범위한 면역 반응을 자극하도록 했다.

2021년 11월 16일 백사트는 햄스터를 대상으로 한 동물 실험 결과를 발표했다. 경구 백신을 2회 투여한 모든 햄스터는 코로나19에 대한 예방 효과를 보였다. 백신을 접종한 햄스터에게 코로나19 바이러스에 노출시키고 5일 뒤 바이러스양을 측정한 결과, 바이러스 부하가 낮은 수준으로 관찰되었으며 폐에서 검출 가능한 감염성 바이러스가 없었다. 백사트는 2022년 1분기에 임상 2상 시험에 대한 초기 데이터를 발표할 수 있을 것으로 예상하고 있다. 경구용 백신은 개발에 성공한다면 다른 백신들보다 투여하기 쉽고, 유통과 보관이 편리해 저개발국과 개발도상국 등 백신 공급이 어려운 지역에서 유용할 것으로 기대된다.

06

부스터 샷과
백신 불평등

백신 접종이 속도를 내며 코로나19의 확산세가 줄어들 때쯤, 델타 변이가 다시 전 세계로 퍼지면서 감염 폭발이 일어났다. 이스라엘과 영국, 미국 등 백신 접종률이 높은 국가에서도 확진자가 속출하고, 돌파 감염이 일어나자 '부스터 샷(추가 접종)'이 화두로 떠올랐다. 백신 접종 완료자에게 추가로 백신을 접종해야 한다는 것이다.

부스터 샷 접종을 먼저 제안한 것은 화이자-바이오엔텍 백신을 개발한 화이자였다. 2021년 9월, 화이자는 백신 접종 완료 후 6~8개월이 지나면 체내 항체 농도가 줄어들어 2개월마다 약 6%씩 감염 예방 효과가 감소하고, 그만큼 돌파 감염의 위험이 커진다고 주장했다. 화이자는 임상 시험을 통해 백신 접종 완료자에게 추가로 3차 접종을 실시한 결과, 약 95%까지 감염 예방 효과가 증가했다며 미국 FDA에 부스터 샷 승인을 촉구했다. 10월에는 모더나도 부스터 샷 승인 요구에 동참했다.

이에 부스터 샷이 꼭 필요한가를 두고 찬반 논란이 격화되었다. 부스터 샷을 반대하는 사람들은 백신 공급의 형평성 문제를 가장 큰 이유로 꼽았다. 2022년 1월 1일 기준으로 전 세계 인구의 58.2%가 최소 1회 이상 백신을 맞았다. 하지만 백신 접종이 시작된 지 1년이 넘었음에도 저소득 국가에서는 고작 인구의 8.5%만이 백신을 1회 이상 접종 받았다.

전문가들은 백신 접종이 시작될 때부터 백신 공급의 불평등을 예측하고 이를 우려했지만, 격차는 계속 벌어질 뿐 해결될 기미가 보이지 않고 있다. 2020년 9월 G7 정상회의에서 7개국 정상들은 2022년 가을까지 모든 국가 국민의 70%가 백신 접종을 받도록 지원하겠다는 목표를 세웠다. 이를 위해 미국은 화이자-바이오엔텍 백신 5억 회 분, 영국 1억 회 분 등 모두 10억 회 분을 저소득 국가를 중심으로 전 세계에 공급하겠다고 밝혔다. 하지만 지금까지 이들의 약속은 '백신 민족주의', 즉 자국민의 건강 보호를 우선해야 한다는 이유로 지켜지지 않았다. 미국은 약속한 백신의 25%밖에 전달하지 않았고, 유럽 연합은 19%, 영국은 11%에 불과했다.

게다가 백신을 가까스로 구하더라도 유효 기간 내에 접종하지 못해 폐기되는 백신이 늘어나고 있다. 저소득 국가의 경우 의료 환경이 열악해 백신 접종을 위한 인력이나 운송을 위한 인프라 등이 구축되지 않았기 때문이다. 이처럼 저소득 국가에서는 백신이 부족해 허덕이고, 백신을 맞고 싶어도 맞을 수 없는 상황인데, 미국과 유럽 등 부유한 국가들은 백신 공급의 90%를 독점하면서도 백신 거부 등의 이유로 접종하지 못하고 남아돌아 폐기되는 백신이 수십만 회 분에 이른다.

부스터 샷이 제안된 초기에는 전 세계에 백신이 고루 공급되고 있지 않은 상황에서 부스터 샷은 코로나19 대유행의 상황을 더 악화시킬 것이란 의견이 지배적이었다. WHO는 이런 이유로 부스터 샷 접종에 대해 강하게 비판했다. 마이클 라이언(Michael Ryan) WHO 긴급대응팀장은 "부스터 샷을 비유하자면 이미 구명조끼가 있는 사람들에게 구명조끼를 또 나눠 주자는 것"이라며 "다른 사람들은 구명조끼가 없어서 익사하게 될 것"이라고 말했다.

백신 전문가들도 부스터 샷이 필요하다는 증거가 충분하지 않다고 주장했다. FDA와 WHO 소속 과학자 18명은 국제학술지 〈랜싯〉 2021년 9월 13일자에, 일반 사람들에게 부스터 샷은 필요하지 않다는 논평을 발표했다. 이들은 시간에 따라 항체 농도가 줄어든다고 해서 반드시 백신 효과가 떨어진다고 볼 수는 없다고 말했다. 체내 항체 농도는 떨어져도 기억 세포는 그대로 남아 있기 때문에 코로나19에 감염되어도 면역 반응은 그대로 일어날 수 있다는 것이다. 이들은 돌파 감염이 있더라도 백신이 코로나19가 중증으로 진행되는 것을 막는 효과는 여전히 유효한 것으로 나타났기에 면역력이 저하된 환자가 아닌 일반인에게까지 부스터 샷을 접종하는 것은 적절하지 않다고 주장했다.

하지만 반대 여론에도 불구하고 부스터 샷 접종은 시작되었다. 2021년 7월 이스라엘을 시작으로 많은 국가에서 부스터 샷을 접종하고 있다. 한국에서도 2021년 10월부터 3차 접종을 시작했다. 18세 이상 성인이면 누구나 2차 접종 3개월 후부터 부스터 샷을 접종할 수 있다.

이스라엘의 발표를 보면 부스터 샷은 확실히 확산세를 잡는 데 효과가 있었다. 이스라엘 보건부는 60살 이상의 사람들에게 부스터 샷을 접종한 결과, 바이러스 감염과 중증 진행 예방 효능이 최대 4~6배 높아졌다고 발표했다. 2021년 8~9월 하루 확진자가 1만 명을 넘었던 이스라엘은 부스터 샷 접종 이후인 11월부터 400명대로 급격히 줄었다.

한국에서도 부스터 샷 접종으로 60대 이상의 확진자 수가 줄었다. 김기남 코로나19 예방 접종대응추진단 접종기획반장은 2021년 12월 30일 코로나19 정례 브리핑에서 "3차 접종률이 높아지면서 고령층의 확진자가 확연히 줄어 전체 확진자 중 60세 이상 비중이 지난 1일 35.4%에서 30일 기준 20.2%로 감소했다."며 "60대 이상 3차 접종 완료자의 코로나19 감염 예방 효과는 약 82.8%로 나타났다."고 밝혔다.

오미크론 변이가 등장한 이후에는 부스터 샷에 회의적이었던 전문가들의 여론도 바뀌었다. 몇몇 제약회사가 오미크론 변이에 맞는 백신을 개발하겠다고 발표했지만, 임상 시험과 규제 승인, 생산과 공급까지는 또 수개월이 걸리기 때문이다. 당장 급증하는 오미크론 변이의 확산세를 억제하고 중증 환자를 최소화하기 위해서는 다른 대안이 없어 부스터 샷 접종이 거의 유일한 대응 방안이었던 것이다.

한국에서는 2022년 4월부터 고연령층을 대상으로 4차 접종도 실시하고 있다. 2022년 하반기에는 오미크론 변이에 대항할 수 있는 개량 백신을 도입해 추가 접종이 진행되고 있다. 개량 백신은 2019년 말 중국 우한에서 출현한 처음 코로나19 바이러스와 오미크론 BA.1 변이, 두 종류를 함께 접종하는 2

전 세계 백신 접종 지도 (2022. 1. 9 기준) ©Our World in Data

부스터를 포함한 모든 용량은 개별적으로 계산된다. 동일인이 1회 이상 투여받을 수 있기 때문에 100명당 투여 횟수가 100회 이상이 될 수 있다.

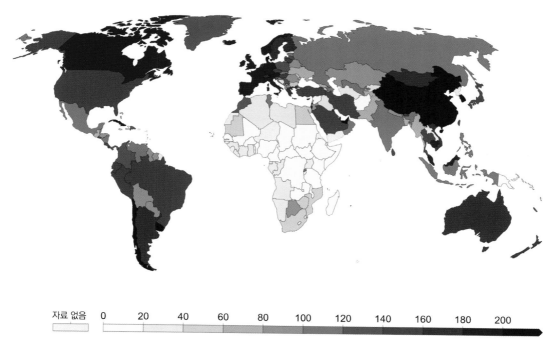

자료 없음 0 20 40 60 80 100 120 140 160 180 200

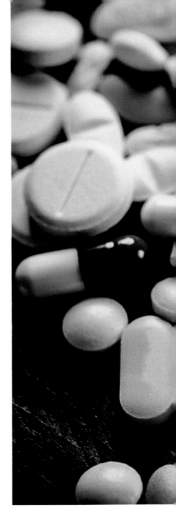

가 백신이다. 최근 유행 중인 오미크론 하위 변이 BA.4와 BA.5 두 변이를 표적으로 하는 백신도 검토하고 있다. 이 접종이 마지막이 될지, 혹은 독감 백신처럼 정기적으로 맞아야 할지는 예측할 수 없다. 다만 백경란 질병관리청장은 2022년 8월 31일 코로나19 정례 브리핑에서 "앞으로는 차수 중심 접종이 아니라 독감 백신처럼 계절 중심으로 전환할 것"이라고 말했다. 바이러스 급증 시기와 유행할 변이를 예측할 수 있게 되면 독감 백신처럼 시기별로 접종하게 될 수도 있을 것이다. 하지만 지금껏 그래왔듯 코로나19 유행의 궤적은 단순하지 않고, 끊임없이 변이가 출현하고 있어 당장 다음 몇 달 동안의 바이러스 상태도 예측하기 어려운 상태다.

게다가 오미크론 변이의 등장은 백신 불평등에 대한 경종을 다시 한 번 울리는 계기가 되었다. 수미야 스와미나탄(Soumya Swaminathan) WHO 수석과학자는 오미크론 변이와 백신 불평등 간에는 분명한 관계가 있다며, 아프리카의 백신 접종률이 높았다면 오미크론 변이가 나오지 않았을 것이라고 말했다. 전문가들은 오미크론 변이가 등장한 것은 백신의 공평한 보급이 왜 중요한지 보여 주는 결정적인 사건으로, 전 세계 모든 인구가 백신을 맞아야 새로운 변이 출현을 억제할 수 있다고 말했다. 백신 격차는 단순한 불평등에서 그치는 것이 아니라 이처럼 감염병의 대유행을 더 길게 만들고, 경제적 피해까지 가중시킨다. 코로나19 대유행은 모두가 안전해야 끝날 수 있다. 부스터 샷 접종도 중요하지만, 대유행을 빨리 종식시키기 위해서는 백신 불평등도 함께 해결해야 한다.

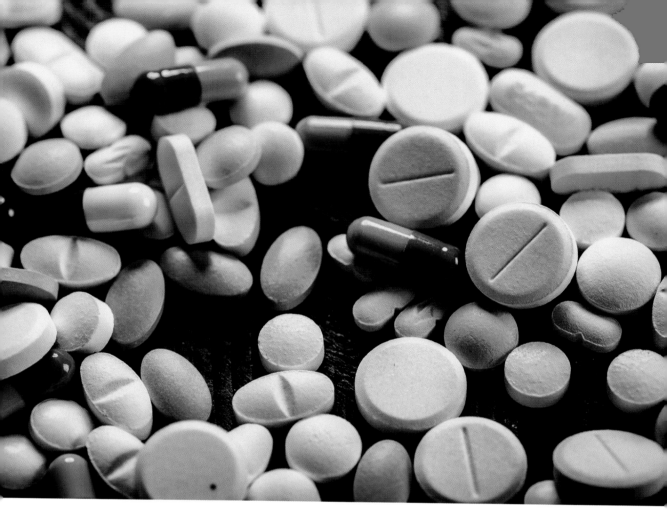

07 한시가 급한 상황, 기존의 약을 치료제로 다시 쓰다

코로나19 대유행을 끝내려면 백신과 함께 치료제가 꼭 필요하다. 그런데 신약을 개발하려면 약물의 작용 대상이 될 표적 물질을 발굴하는 것에서부터 약물 후보 물질 스크리닝, 개발, 임상 시험까지 여러 단계를 거쳐야 한다. 총 10년 이상의 시간이 걸릴 뿐 아니라 천문학적인 개발 비용이 들어간다. 심지어 이만큼의 시간과 비용을 소모해도 신약 개발이 성공할 확률은 10%도 되지 않는다. 이렇다 보니 치료제가 매우 급한 대유행의 상황이라도 신약 개발에 뛰어드는 것은 쉽지 않은 일이다.

그래서 코로나19 대유행 초기에는 치료제를 찾기 위해 이미 시판 중이거나 임상 단계에 있던 약물을 코로나19 치료제로 쓸 수 있는지 시도해 보는 경우가 많았다. 안정성이 어느 정도 입증되어 있고, 적은 비용으로 빠르게 신약을 출시할 수 있기 때문이다. 이를 '약물 재창출'이라고 한다. 주로 에이즈나 에볼라, 사스, 메르스 등을 위해 개발되었던 치료제들이 선택되었다.

아비간, 칼레트라, 클로로퀸, 히드록시클로로퀸 등 수많은 약물이 코로나19 치료제를 목적으로 임상 시험에 들어갔다. 하지만 안타깝게도 대부분은 치료 효과를 입증하지 못했다. 먼저 칼레트라는 원래 에이즈 치료제로 개발된 항 바이러스제였다. HIV 증식 과정에 필요한 단백질 분해 효소(프로테아제)를 억제해 HIV의 증식을 막는다. 코로나19 대유행 초기에 중국과 태국 등에서 코로나19 환자에게 효과를 보였다는 소식이 퍼지면서 치료제로 주목을 받았다. 하지만 2020년 7월 WHO는 칼레트라를 대상으로 코로나19 치료제로서의 효능과 안전성을 연구하는 임상 시험을 중단했다. 중간시험 결과, 칼레트라가 코로나19 환자의 사망률을 거의 또

아비간은 일본에서 2014년에 승인받은 항 인플루엔자 치료약이나 효과를 뒷받침하는 증거가 부족하여 일본 후지 필름은 2022년 10월 개발을 중단하기로 결정했다.

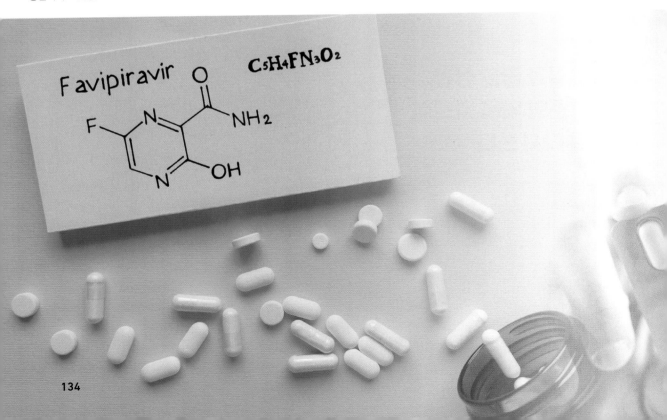

는 전혀 감소시키지 않았기 때문이다.

아비간은 일본 후지필름 도야마화학이 독감 치료제로 개발한 항 바이러스제다. RNA 중합효소가 바이러스의 유전체를 복제할 때 대신 끼어들어가 복제를 막는다. 역시 코로나19 대유행 초기에 중국에서 환자들의 바이러스 감소 효과가 있었다고 보고되었다. 하지만 국제학술지 〈사이언티픽 리포트 (Scientific Reports)〉 2021년 5월 26일 자에 발표된, 아비간을 대상으로 한 코로나19 치료제 임상 시험 결과들을 분석한 논문에 따르면, 입원 후 첫 일주일 동안은 치료 효과가 24% 높았지만, 경증 또는 중증 증상을 가진 환자들의 사망률을 줄이는 데 유의미한 결과를 보여주지는 못했다. 2021년 11월, 미국과 멕시코, 브라질에서 코로나19 환자 1,231명을 대상으로 실시한 최종 임상 시험에서도 아비간은 위약을 투여한 경우에 비해 증상이 회복되기까지의 시간에 차이가 크지 않은 것으로 나타났다.

클로로퀸과 히드록시클로로퀸은 말라리아 치료제다. 코로나19 대유행이 시작된 2020년 초, 클로로퀸과 히드록시클로로퀸이 코로나19의 특효약이라는 허위 정보가 퍼졌다. 게다가 도널드 트럼프(Donald John Trump) 전 미국 대통령

히드록시클로로퀸

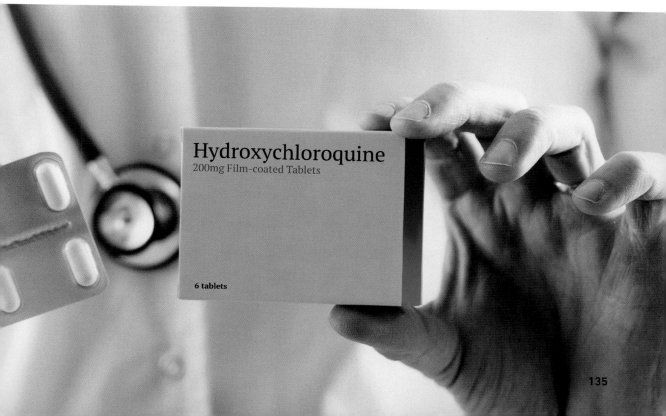

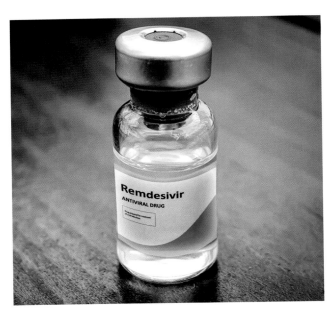

렘데시비르

이 클로로퀸과 히드록시클로로퀸을 두고 '게임 체인저', '신의 선물'이라며 극찬해 미국에서는 이들 약의 품귀 현상이 일어나기도 했다. 하지만 효과에 대한 논란이 지속되다가, WHO의 대규모 임상 시험에서 효과가 없다고 판단되어 칼레트라와 함께 사용 중단되었다. 2020년 11월 9일 미국 국립보건원(NIH)도 히드록시클로로퀸이 가짜 약과 비교해 큰 차이가 없었다는 임상 시험 결과를 국제학술지 〈미국의사협회지(JAMA)〉에 발표했다. 연구팀은 코로나19로 입원한 성인 환자 479명 중 242명에게 히드록시클로로퀸을, 237명에게는 가짜 약을 14일간 복용하도록 했다. 하지만 14일이 지난 뒤 두 집단에서 회복 속도나 사망률에 큰 차이가 없었다. 미국 FDA와 유럽의약품청(EMA)은 코로나19 환자가 클로로퀸을 복용하면 오히려 부정맥 등 심장에 심각한 부작용이 일어날 수 있다고 경고했다.

가장 먼저 코로나19 치료제로 FDA의 승인을 받은 코로나19 치료제는 '렘데시비르'다. 렘데시비르는 원래 미국의 제약회사인 길리어드 사이언스가 2009년 C형 간염 치료제로 개발했다. 렘데시비르는 RNA 바이러스가 유전체를 복제할 때 끼어들어가 복제를 막는 항 바이러스제다. 그러나 당시 렘데시비르는 기대만큼의 효과를 보지 못했다. 이후 에볼라 바이러스 유행 때 치료제로 다시 발굴되어 임상 시험에 들어갔지만 여기서도 효과를 입증하지 못했다.

그런데 코로나19 대유행 초기에 렘데시비르를 투여한 환자가 급격한 호전을 보이고, 임상 시험에서 렘데시비르가 입원 환자들의 회복기간을 단축시킨다는 결과가 나왔다. 그러자 렘데시비르는 한순간에 유망한 코로나19 치료제로 급부상했다. 하지만 이후 시행된 임상 시험들에서는 투여 시기나 중증도에 따라 효과가 다르게 나타나며 렘데시비르의 효과에 의문이 제기되었다. 게다가 2020년 11월 WHO가 코로나19 입원 환자 7,000명을 대상으로 한 4건의 임상 시험 결과, 렘데시비르가 환자의 생존 가능성을 높이거나 치료 기간을 단축시키는 뚜렷한 효과를 입증하지 못했다며 비싼 비용을 고려했을 때 렘데시비르의 사용을 추천하지 않는다고 발표하면서 논란은 더 커졌다. 렘데시비르의 효과에 대해서는 아직까지도 논란이 있지만, 그럼에도 현재 렘데시비르는 한국을 포함한 많은 국가에서 중증의 코로나19 환자에게 투여되고 있다.

한국에서 중증의 코로나19 환자에게는 렘데시비르와 함께 덱사메타손이 투여된다. 덱사메타손은 코로나19 바이러스를 직접 억제하는 항 바이러스제는 아니지만, 중증의 환자에게서 나타나는 과도한 염증 반응과 면역 반응을

덱사메타손

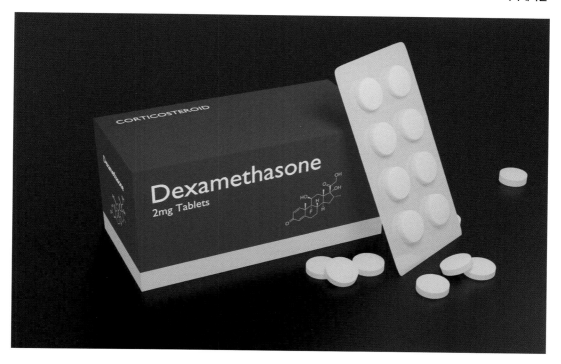

토실리주맙

억제하는 역할을 한다. 값싸고 흔해 쉽게 구할 수 있으며 다양한 질환에 널리 쓰이고 있다. 2020년 6월, 영국 옥스퍼드 대학 연구팀은 코로나19 입원환자 2,000명에게 덱사메타손을 투여한 결과, 장기간 산소 호흡기가 필요한 중증 환자의 사망률을 1/3, 산소 치료를 받는 환자의 사망률을 1/5로 줄였다고 발표했다. WHO는 중증의 코로나19 환자를 위해 덱사메타손의 사용을 강력히 권장하고 있다.

한국보건의료연구원과 대한감염학회가 발간한 〈코로나19 환자 치료를 위한 임상진료지침〉에는 중증의 코로나19 환자에게 인터류킨6(IL-6) 억제제를 임상 시험 범위 내에서 사용할 수 있다고 나와 있다. IL-6는 면역 반응에서 중요한 역할을 하는 사이토카인 중 하나인데, 사이토카인 폭풍처럼 면역 반응이 과도할 경우 이를 억제할 필요가 있다.

IL-6 억제제로 대표적인 약물은 '토실리주맙'이다. 상품명으로는

'악템라'라고 부른다. 악템라는 원래 류마티스 관절염과 같은 자가 면역 질환 치료제로 사용되었다. IL-6가 수용체에 결합하는 것을 막아 과도한 면역 반응을 억제한다.

다른 치료제들과 마찬가지로 악템라 또한 계속해서 효과에 대한 논란이 있었다. 그렇지만 2021년 6월 FDA는 악템라를 코로나19 치료제로 긴급 사용 승인했다. 2021년 7월 WHO도 중증이거나 위중한 코로나19 환자에게 악템라를 비롯한 IL-6 억제제를 코로나19 치료제로 사용하는 것을 권고한다고 발표했다. WHO는 27건의 임상 시험에 등록된 1만 명 이상의 환자들을 대상으로 IL-6 억제제들의 효과를 비교한 결과, 대조군에 비해 사망률이 13% 낮게 나타났다고 밝혔다. 2021년 12월에는 EMA도 악템라를 성인 대상 코로나19 중증 치료제로 사용 승인하라고 권고했다.

기존 약물을 코로나19 치료제로 활용하려는 시도는 지금도 계속되고 있다. 2021년 8월 WHO는 3종의 항염증제를 대상으로 새로운 임상 시험을 시작한다고 발표했다. 전 세계 52개국에서 1만 4,200명을 대상으로 진행해 약물의 치료 효과를 확인하겠다는 계획이다.

세 약물은 알테수네이트, 이매티닙, 인플릭시맙이다. 알테수네이트의 상품명은 피라맥스로, 말라리아 치료제로 사용되어 왔다. 개똥쑥에서 추출한 '아르테미시닌'이라는 물질이 알테수네이트의 주요 성분이다. 중국의 여성 과학자 투유유(屠呦呦)가 발견해 그 공로로 2015년 노벨 생리의학상을 받아 관심을 모았던 바로 그 물질이다. 아르테미시닌은 강력한 항말라리아 효과를 갖고 있다고 알려져 있고, 30년 이상 치료제로 널리 사용되어 안전성이 입증되어 있다. WHO는 중증 말라리아 치료에 권장되는 표준 용량으로 7일간 정맥 투여해 알테수네이트의 코로나19에 대한 항염증 특성을 평가할 계획이다.

이매티닙은 스위스의 제약회사인 노바티스가 개발한 만성 골수성 백혈병 치료제다. 우리에게는 '글리벡'이라는 상품명으로 더 잘 알려져 있다. 만성 골수성 백혈병 환자들의 대부분은 9번 염색체의 'Abl'이라는 유전자 부위가 떨어져 나가 22번 염색체의 'Bcr'이라는 유전자 부위와 결합해 만들어진 '필라

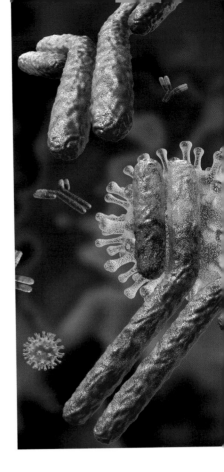

델피아 염색체'를 갖고 있다. 이렇게 한 염색체의 일부가 다른 염색체와 교환되는 염색체 이상 현상을 '전좌(translocation)'라고 부른다. 필라델피아 염색체 때문에 'Bcr-Abl'이라는 단백질이 만들어지면서 백혈구가 통제 불가능할 정도로 증식하게 되는 것이 만성 골수성 백혈병이다. 글리벡은 Bcr-Abl 단백질이 백혈구를 증식하도록 하는 신호 전달을 막아 백혈병을 치료한다.

네덜란드 암스테르담 자유 대학 연구팀은 국제학술지 〈랜싯 호흡기 의학(The Lancet Respiratory Medicine)〉 2021년 6월 17일자에 코로나19 환자들에게 이매티닙을 투여한 결과 임상적 이점이 있었다고 발표했다. WHO는 14일 동안 1일 1회 이매티닙을 투여해 효과를 확인할 계획이다.

마지막으로 인플릭시맙은 크론병, 류마티스 관절염 등 여러 자가 면역 질환을 치료하는 데 사용되는 약물이다. 얀센 백신으로 유명한 존슨앤존슨에서 생산되고 있다. 인플릭시맙은 종양괴사인자-α(TNF-α)가 수용체와 결합하는 것을 저해해 항염증과 면역 억제 효과를 나타낸다. TNF-α는 염증 반응을 일으키는 사이토카인 중 하나인데, 면역 반응에 중요한 역할을 하지만 과도하게 생성될 경우 자가 면역 질환 같은 만성 염증성 질환을 일으키게 된다. 인플릭시맙은 코로나19 환자의 광범위한 염증을 억제하는 데도 유리하며, 20년 이상 치료제로 사용되어 안전성을 입증한 약물이다. WHO는 인플릭시맙을 정맥 주사로 투여해 효과를 평가할 예정이다.

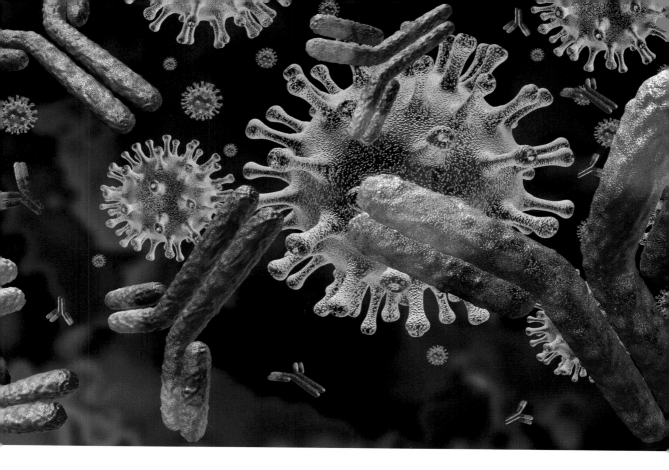

08

급한 불을
끌 수 있는
항체 치료제

렘데시비르 이후 효과적인 코로나19 치료제가 없는 상황에서 항체 치료제는 '급한 불을 끌 수 있는' 치료제로 주목을 받았다. 특히 미국의 트럼프 전 대통령이 코로나19 확진 판정을 받고 당시 임상 시험 중이었던 미국의 생명공학기업 리제네론의 항체 치료제를 투여 받으면서 항체 치료제에 더 큰 관심이 쏠렸다.

항체는 바이러스의 특정 부위에 결합해 바이러스를 무력화시키는 면역 단백질이다. 코로나19 바이러스에 감염되었다가 회복한 환자의 혈액에는 코로나19 바이러스에 대한 항체가 만들어져 있는데, 이런 사람들의 혈장에서 항체를 분리해 만든 것이 항체 치료제다. 항체 치료제는 바이러스가 새로운 세포에 감염하지 못하도록 막는다.

리제네론의 항체 치료제는 코로나19 바이러스의 스파이크 단

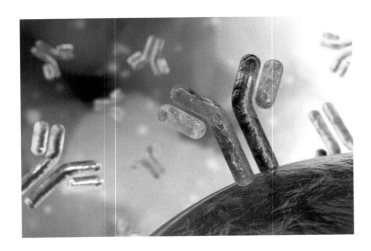

항체 치료는 높은 치료 효능과 낮은 부작용을 갖기에 면역력이 약한 환자들에게 효과적이다.

백질과 결합하는 항체 수천 개 중 가장 효과가 좋은 2개를 조합해 만들어졌다. 이렇게 여러 개의 항체를 혼합하는 것을 '칵테일 요법'이라고 하는데, 항체가 결합하는 부위에 돌연변이가 생길 경우 치료제의 효과가 떨어질 수 있기 때문에 이를 방지하기 위한 것이다.

임상 시험 결과 리제네론의 항체 치료제는 치료제를 투여하지 않은 사람보다 2주 더 빨리 회복되었고, 코로나19에 노출된 사람들의 감염 위험을 81% 줄이는 것으로 나타났다. 2020년 11월 22일 미국 식품의약국(FDA)은 리제네론의 항체 치료제를 중증으로 진행될 위험이 높은 65세 이상 고위험군 코로나19 환자에게 투여하도록 긴급 사용 승인했다. 2021년 7월 31일에는 코로나

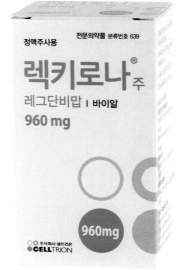

렉키로나주
ⓒ셀트리온

19 예방 접종을 하지 않았거나, 면역력이 약해 백신의 효과를 보지 못하는 사람에게 코로나19 바이러스에 노출된 뒤 예방 목적으로도 사용할 수 있도록 사용 범위를 확대했다.

한국에서는 셀트리온이 개발한 '렉키로나주'라는 항체 치료제가 2021년 9월 식품의약품안전처의 정식 허가를 받았다. 셀

항체 치료제는 변이가 일어날 경우 치료 효과가 떨어질 수 있고, 가격이 비싸다는 단점이 있다.

트리온은 2021년 6월 전 세계 13개에서 1,315명의 코로나19 환자를 대상으로 시행한 임상 3상 시험 결과, 중증 악화율이 70% 감소했다고 발표했다. 2021년 11월에는 유럽의약품청(EMA)이 렉키로나주를 코로나19 치료제로 정식 승인했다.

다만 항체 치료제도 단점은 있는데, 비싸고 만들기 어렵다는 것이

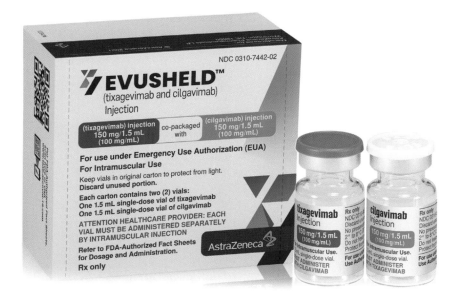

이브쉘드
©식약처

다. 그래서 과학자들은 만들기 쉽고 저렴하게 생산할 수 있는 항체 치료제를 개발하기 위해 라마 항체를 이용하는 방법을 연구 중이다. 라마를 비롯한 낙타과 동물은 크기가 작은 '나노 항체'를 생산한다. 길이가 인간 항체의 4분의 1이고, 무게가 10분의 1밖에 되지 않는다.

영국 로잘린드프랭클린연구소 연구팀은 라마의 나노 항체가 코로나19 바이러스를 효과적으로 중화시킨다는 연구 결과를 국제학술지 〈네이처 커뮤니케이션스(Nature Communications)〉 2021년 9월 22일 자에 발표했다. 연구팀은 라마에게 코로나19 바이러스의 스파이크 단백질을 주입한 뒤 생성되는 항체를 추출하고 이 중 4개를 정제했다. 그리고 이 나노 항체를 코로나19에 걸린 햄스터에 투여했더니 7일 만에 회복되고 폐와 기도의 바이러스 양도 줄었다. 연구의 주 저자인 레이 오언스(Ray Owens) 교수는 "나노 항체 연구는 아직 초기 단계지만, 인간 항체를 이용한 치료제에 비해 더 저렴하고 분무기나 코 스프레이를 통해 환자 스스로 편리하게 투여할 수 있으며 기도로 바로 전달되기 때문에 감염 부위에 직접 치료가 가능하다."고 설명했다.

2021년 12월 8일에는 FDA가 아스트라제네카의 예방 항체 치료제인 '이브쉘드'의 긴급 사용을 승인했다. 이브쉘드는 면역 체계가 약하거나 코로나19 백신에 대해 심각한 부작용이 있는 사람에게 백신 대신 투여된다. 두 개의 항체 조합으로 수개월에서 최대 1년까지 체내에 머물도록 설계되었다. 아스트라제네카는 임상 시험 결과, 위약군에 비해 코로나19 바이러스 감염률이 77% 낮게 나타났다고 발표했다.

09

먹는 치료제 등장, 몰누피라비르와 팍스로비드

현재 쓰이고 있는 항체 치료제와 렘데시비르는 모두 정맥 주사로 투여하는 약물이기 때문에 입원을 해야 하는 등 불편함이 많다. 신종플루가 유행할 때 먹는 치료제인 '타미플루'가 있었던 것처럼, 대유행이 끝나려면 병원에 입원하지 않고도 처방만 받으면 누구나 쉽고 편하게 먹을 수 있는 효과적인 치료제가 필요하다. 2022년 9월 기준으로 처방 가능한 경구용 코로나19 치료제는 '라게브리오(몰누피라비르)'와 '팍스로비드(니르마트렐비르/리토나비르)' 두 가지가 있다.

가장 먼저 임상 시험 성공을 발표한 쪽은 미국의 제약회사 머크앤드컴퍼니(MSD)가 개발한 몰누피라비르였다.

몰누피라비르는 RNA를 이루는 리보뉴클레오시드와 비슷한 물질로, 바이러스의 RNA 중합효소가 RNA를 복제할 때 정상적인 리보뉴클레오시드 대신 끼어들어간다. 바이러스는 몰누피라비르가 포함된 RNA를 주형 가닥으로 재사용하고, 몰누피라비르가 또 여기 끼어들어간다. 이렇게 계속해서 돌연변이 오류가 쌓여 바이러스는 증식하지 못하게 된다. 2021년 10월 1일 MSD의 발표에 따르면, 임상 3상 시험에서 코로나19 환자 775명은 하루에 두 번씩 5일간 몰누피라비르를 복용했다. 그 결과, 몰누피라비르를 복용한 환자는 위약을 투여 받은 환자보다 입원 가능성이 절반(50%)으로 줄었다. 또 위약을 투여 받은 환자 중에서는 8명이 사망한 반면, 몰누피라비르를 복용한 환자 중에는 사망자가 없었다. 다만 몰누피라비르는 증상이 나타난 초기에 복용해야 효과를 볼 수 있었다. 증상이 진행된 경우에 먹으면 효과가 떨어졌다.

MSD의 발표는 엄청난 화제를 불러일으켰다. 전 세계 모든 사람들이 드디어 대유행이 끝나는 것 아니냐는 기대감에 부풀었다. 언론들은 '게임 체인저', '2021년 최고의 뉴스'라며 입을 모아 흥분했다. 백신과 항 바이러스제의 조합은 코로나19를 통제하는 강력한 도구가 될 수 있다는 것이다.

하지만 한 달 뒤 발표된 전체 임상 시험 결과는 사람들의 희망을 꺾었다. 처음 공개된 것보다 효과가 감소했기 때문이다. 최종 임상 시험 결과, 몰누피라비르는 입원과 사망 위험을 30%밖에 감소시키지 못한 것으로 나타났다. 2차 시험에서는 위약과 몰누피라비르를 복용한 환자들 사이에서 차이가 없었다. 연구진은 이렇게 완전히 다른 결과가 나타난 이유를 설명하지 못했다.

일부 전문가들은 몰누피라비르의 부작용도 우려했다. 몰누피라비르가 인체 세포에도 돌연변이를 일으킬 수 있다는 것이다. 미국 노스캐롤라이나 대학 연구팀은 국제학술지 〈미국감염병학회지(Journal of Infectious Diseases)〉 2021년 8월 1일 자에 몰누피라비르의 대사산물(β-D-N4-hydroxycytidine)이 햄스터 세포 실험에서 숙주 세포에게도 돌연변이를 일으켰다는 연구 결과를 발표했다. 쥐에서 태아의 돌연변이를 일으켰다는 보고도 있다. 많은 전문가들은 몰누피라비르의 안전성에 대한 더 많은 자료가 확보될 때까지 18세 이하의 어린이와 임산부가 몰누피라비르를 복용하는 것은 금지해야 한다고 권고했다.

가능성이 크지는 않지만, 바이러스의 RNA 복제에 의도적으로 끼어들어가 돌연변이를 만드는 이 약물의 작용이 더 위험한 코로나19 바이러스의 돌연변이를 만들 수 있다는 지적도 나왔다. 돌연변이 바이러스 중 일부가 사람의 몸에서 살아남아 다른 사람에게 전염된다면 델타, 오미크론 변이 같은 유행이 또 다시 일어날 수 있다는 것이다.

이런 여러 이유로 미국 FDA는 2021년 12월 23일 몰누피라비르를 코로나19 치료제로 긴급 사용 승인하면서, 고위험군의 경증 코로나19 환자 중 다른 치료제 대안이 없을 때에만 사용하는 것으로 한정했다. 또 18세 이하 환자의 경우 성장에 영향을 미칠 수 있다는 이유로 사용을 금지했다. 한국에서는 2022년 3월 23일 식약처에서 긴급 사용 승인을 받아 처방되고 있다. 다만 다른 코로나19 치료제를 사용할 수 없는 환자에게만 처방이 가능하다는 제한이 있다.

임상 시험 성공 발표 직후에는 몰누피라비르의 비싼 가격을 지적하며 백신처럼 치료제마저 불평등하게 공급되는 것 아니냐는 목소리도 컸다. 몰누피라비르 한 세트 가격이 700달러(약 91만 원)나 되었기 때문이다. 원가는 20달러로 알려졌다. 우려의 목소리가 커지자 2021년 10월 27일, MSD는 UN의 후원을 받는 의료 단체인 '국제 의약 특허풀(MPP)'과 계약해 다른 회사들에게 복제약의 제조를 허락하겠다고 발표했다. MPP에서는 저소득 국가를 위한 의약품을 개발하고 있다. 이에 따라 WHO가 코로나19를 '국제적 공중보건 비상사태'로 규정하는 기간 동안에는 전 세계 105개 국가에서 치료제를 저렴하게 구입할 수 있게 되었다. 2021년 11월 방글라데시 제약회사 벡심코가 몰누피라비르

몰누피라비르

의 복제약 생산에 들어갔다고 발표했다.

2021년 12월 14일에는 화이자가 경구용 코로나19 치료제 '팍스로비드'의 최종 임상 시험 결과를 발표했다. 코로나19 고위험군 2246명을 대상으로 임상 시험을 진행한 결과, 증상 발현 후 사흘 안에 팍스로비드를 먹을 경우 입원과 사망 위험이 89% 줄었다. 5일 이내에 복용하면 88%의 효과가 나타났다.

팍스로비드는 '니르마트렐비르'와 '리토나비르'라는 두 약으로 구성되어 있다. 니르마트렐비르 2정, 리토나비르 1정을 1일 2회 5일간 복용한다. 니르마트렐비르는 코로나19 바이러스가 세포 내에서 증식할 때 필요한 단백질 분해 효소(프로테아제)를 억제해 바이러스의 증식을 막는다. 코로나19 바이러스 유전

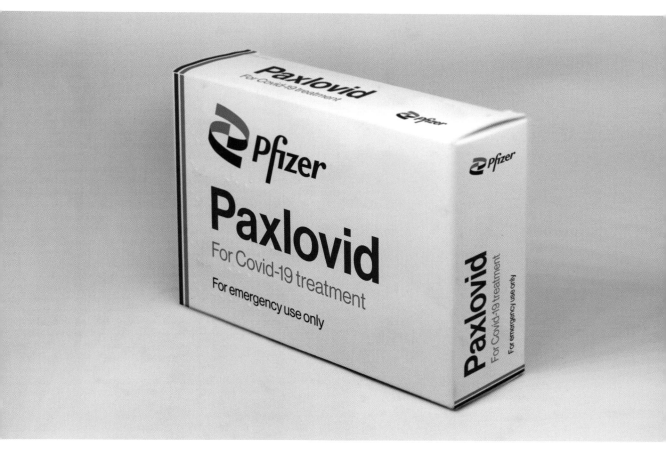

팍스로비드

체가 세포 내로 들어가면 숙주 세포의 단백질 시스템을 이용해 긴 단백질을 합성한다. 이 단백질은 '주요 프로테아제(Mpro)'라고 하는 단백질 분해효소에 의해 잘리고 쪼개져야 바이러스 유전체를 계속 복제하는 역할을 할 수 있다. 니르마트렐비르는 주요 프로테아제에 결합해 이를 억제하고, 바이러스가 감염된 세포에서 증식할 수 없도록 만든다. 니르마트렐비르와 함께 들어 있는 리토나비르는 에이즈 치료제로도 이용되는데, 저용량으로 함께 먹으면 니르마트렐비르가 체내에서 분해되는 시간을 늦춰 더 오랜 시간 동안 효과를 나타내도록 할 수 있다.

화이자는 팍스로비드가 상대적으로 변이가 덜 된 프로테아제를 억제하기 때문에 오미크론을 포함한 모든 변이 바이러스에 효과를 나타낸다고 밝혔다. 긍정적인 임상 결과 덕분에 2021년 12월 22일 FDA의 승인이 떨어졌고, 한국 식품의약품안전처도 12월 29일 팍스로비드의 사용 승인을 허가해 라게브리오보다 더 먼저 팍스로비드를 코로나19 첫 경구용 치료제로 도입했다.

하지만 아쉽게도 팍스로비드는 기대만큼 뛰어난 효과를 보여 주지는 못하고 있다. 2022년 9월 기준 팍스로비드는 만 60세 이상이거나 만 12세 이상의 기저질환자 또는 면역 저하자에게 코로나19 증상 발생 후 5일 이내에 처방 가능하다. 하지만 2022년 8월 다섯째 주 60세 이상 코로나19 환자의 경구용 치료제 처방률은 25.3%에 불과하다. 처방률이 고작 12.3%였던 5월에 비하면 2배 넘게 상승했지만, 그리 높은 수치는 아니다.

처방률이 낮은 가장 큰 이유는 팍스로비드와 함께 먹을 수 없는 약물이 많기 때문이다. 화학공장이라 불리는 우리 간은 복용한 약물을 분해해 몸 밖으로 배출하는 역할을 맡고 있다. 간에서 이를 담당하는 것이 '시토크롬 P450(CYP)'이라는 효소다. 따라서 CYP의 기능을 높이거나 억제하는 약을 함께 복용하면 약이 빨리 분해되어 약효가 떨어지거나 반대로 체내에 약이 계속 남아 부작용이 커진다. 팍스로비드는 시토크롬 P450 중에서도 CYP3A의 억제제로 작용한다. 그래서 만약 먹고 있는 약 중에 CYP3A에 의해 대사되는 약물이 있다면 해당 약물에 대한 부작용 위험성이 커진다. 반대로

CYP3A의 효과를 높이는 약물을 팍스로비드와 함께 먹을 경우 팍스로비드 약효가 떨어지고, 바이러스에 대한 내성도 발생할 수 있다.

이러한 이유로 현재 CYP3A4 대사 과정에 영향을 받을 수 있는 약물과 팍스로비드를 함께 복용하는 것이 금지되고 있다. 한국에서는 2022년 9월 6일 기준으로 22개의 약물이 병용금기 의약품으로 정해져 있다. 널리 쓰이고 있는 스타틴 계열의 고지혈증 치료제를 비롯해 일부 협심증 치료제, 진통제, 부정맥 치료제 등이 이에 해당된다. 약물의 종류에 따라 의사가 다른 약물로 대체 처방해 팍스로비드와 함께 복용하거나 팍스로비드 복용 동안 잠시 약물을 끊도록 할 수 있다. 하지만 협심증과 심방세동 치료제의 경우 대체가 어렵고 5일이나 복용을 중단한다면 위험한 상황이 발생할 수 있어 팍스로비드 처방이 불가능하다.

투약 효과도 기대에는 미치지 못한다는 결과가 많다. 최근 대규모 연구에 따르면 팍스로비드는 40~65세 사이 성인에게 큰 효과가 없다고 한다. 이스라엘 클래릿연구소와 미국 하버드 대학 의대 공동 연구팀은 국제학술지 〈뉴잉글랜드저널오브메디신(NEJM)〉에 이 같은 연구 결과를 발표했다. 연구팀은 10만 9,254명의 코로나19 환자를 대상으로 분석한 결과, 65살 이상 고령층의 경우 팍스로비드를 복용하면 입원 치료를 약 75% 줄이는 효과가 나타났다. 하지만 40~65살의 중년층에서는 증상 완화에 눈에 띄는 효과를 주지 못했다.

일부 환자들에게서는 팍스로비드를 복용한 뒤 증상이 재발하고 바이러스가 다시 검출되는 '리바운드' 현상도 나타났다. 미국의 조 바이든(Joseph Robinette Biden Jr.)

코로나19 바이러스에 대한 항 바이러스제의 작용 원리

몰누피라비르와 렘데시비르는 모두 뉴클레오사이드 유사체로 RNA 중합효소의 복제 과정에 끼어들어가 더 이상 복제가 되지 못하도록 만든 긴 폴리펩타이드 가닥을 바이러스 복제에 필요한 최소 기능성 단백질로 절단하는 단백질 분해효소를 억제한다.

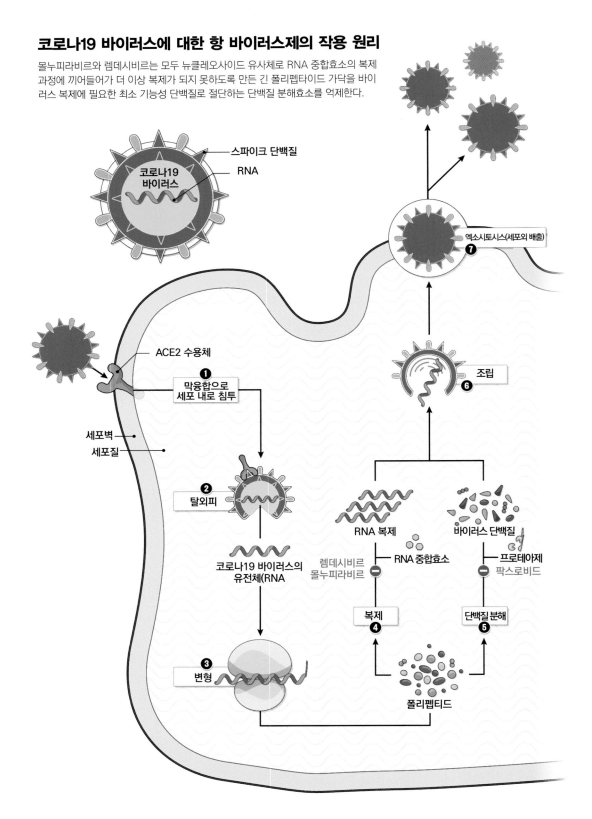

대통령이 코로나19에 확진된 이후 팍스로비드를 복용하고 일주일 뒤 음성 판정을 받았다가 4일 만에 다시 양성 판정을 받아 재격리에 들어가면서 팍스로비드의 리바운드 현상이 알려지기 시작했다. 화이자는 리바운드 현상이 팍스로비드를 복용하지 않은 확진자에게서도 나타난다고 주장했지만, 자세한 정보는 공개되지 않았다. 전문가들은 리바운드 현상이 일부 환자들에게서 약이 일찍 분해되거나, 복용량이 바이러스를 완전히 막을 수 있을 만큼 충분하지 않아 나타난 현상일 수 있다고 말했다. 투약 기간을 늘리거나 복용량을 조절할 필요가 있다는 것이다. 또 전문가들은 리바운드 현상이 나타나더라도 걱정할 필요는 없지만, 다시 격리하는 것은 중요하다고 강조한다. 바이러스가 다시 검출된다면 전파가 될 가능성도 높기 때문이다.

아직까지는 팍스로비드의 효과를 크게 떨어뜨리는 변이가 나오지는 않았지만, 전 세계적으로 사용량이 늘면서 팍스로비드에 내성을 지닌 바이러스의 출현도 우려되고 있다. 복용자가 많아질수록 약의 기전을 회피해 살아남는 변이가 생겨날 가능성이 높아지는 것이다. 여러 건의 실험실 연구에서 이미 팍스로비드에 내성을 지닌 바이러스 변이가 나타날 수 있음이 보고된 바 있다. 팍스로비드보다 더 효과가 좋고, 다양한 기전의 항 바이러스제가 개발되어야 한다.

INFECTION

04

팬데믹 이후 인류는

코로나19 세계적 대유행이 이렇게 길어질 것이라고는 누구도 생각지 못했을 것이다. 초기에는 백신을 접종하면 집단 면역을 달성해 대유행이 끝날 것이라고 생각했다. 그래서 백신과 치료제를 개발하는 동안 많은 국가들이 고강도의 방역 체계를 고수했다. 강력한 사회적 거리두기, 빠른 역학 조사를 통한 추적 및 격리로 유행을 효율적으로 통제했다. 하지만 델타 변이의 출현으로 또 다시 대유행이 반복되었고, 집단 면역으로 코로나 대유행을 막는 것이 쉽지 않아졌다. 사회적 거리두기가 길어지자 지친 사람들이 피로

감을 호소하기 시작했고, 자영업자들의 생계 어려움도 커져만 갔다. 점점 기존의 방역 체계를 고수하기가 어려워지며 일상과 방역의 균형을 맞춰야 할 때가 도래한 것이다. 다행히 높은 백신 접종률로 위중증 예방 효과가 커지면서, 백신 접종률을 어느 정도 달성한 국가들은 고강도 방역 조치를 해제하고 코로나19 바이러스와의 공존을 택했다. 2021년 7월 영국을 시작으로 독일, 덴마크 등 유럽 국가와 이스라엘, 싱가포르 등의 나라가 거리두기, 마스크 의무 착용 등의 방역 조치를 완화하고 일상으로 돌아갔다. 한국도 백신 접종률 70%를 넘은 2021년 11월 단계적 일상 회복에 들어갔다.

드디어 일상으로 돌아가는 발걸음을 뗐다 싶은 찰나, 델타 변이의 확산세가 채 꺾이기도 전에 오미크론 변이가 등장했다. 이전과는 비교도 되지 않는 대규모 유행이 일어났고, 기존의 방역 체계로는 하루 수십만 명씩 폭증하는 확진자 수를 감당할 수 없어 방역 체계의 전환이 필요했다. 다행히 오미크론 변이는 기존 변이들보다 전파력은 높지만 치명률은 떨어졌다. 정부는 오미크론 변이 유행에 맞춰 위중증으로 진행할 가능성이 높은 고위험군을 집중적으로 관리하고, 경증이나 무증상 코로나19 환자는 동네 병원에서 담당해 재택 치료를 하는 방역 체계로 전환했다. 2022년 4월에는 모든 사회적 거리두기 조치가 해제되었고, 코로나19의 감염병 등급도 1급에서 2급으로 변경되며 실외 마스크 착용 의무도 없어졌다. 상황이 심각했던 초기에 비하면 이제 비교적 안정적으로 유지되고 있고, 점차 코로나19 이전의 일상을 되찾아가고 있다. 코로나19가 대유행(팬데믹)을 지나 풍토화(엔데

믹)로 접어들고 있다는 이야기도 나온다.

아직 코로나19 대유행은 완전히 끝나지 않았다. 2022년 여름에는 오미크론의 하위 변이들이 등장하면서 확진자 수가 다시 증가하고, 재감염까지 빈번해지고 있다. 계절이 바뀌면 또 다음 유행이 찾아올 것이라는 예측이 지배적이다. 테워드로스 아드하놈 거브러여수스(Tedros Adhanom Ghebreyesus) WHO 사무총장은 "대유행이 변하고 있고 진전을 이루기는 했지만, 아직 끝나지는 않았다."고 말했다. 코로나19는 이제 정말 풍토병이 될까? 이번 파트에서는 코로나19의 미래와 코로나19 대유행이 인류에게 남긴 과제를 살펴본다.

01

대유행에서 풍토병으로 가게 될까

병(엔데믹), 유행병(에피데믹), 대유행(팬데믹)의 3단계로 나눌 수 있다. 풍토병은 특정 지역에 국한되어 지속적으로 발생하지만 예측할 수 있고 관리가 가능한 수준의 감염병을 말한다. 풍토병의 감염자가 예상 수준 이상으로 늘어나면 유행병이 된다. 감염병이 더 많은 사람들에게 영향을 미쳐 여러 국가, 또는 전 세계에 기하급수적으로 퍼지면 대유행이라고 한다. 코로나19는 여전히 확진자가 많고 전 세계 사람들에게 영향을 미치고 있기 때문에 3년째 대유행 단계에 있다.

2021년 7월 8일 국제학술지 〈네이처〉에는 코로나19 세계적 대유행의 미래에 대한 세 가지 시나리오가 실렸다. 첫 번째는 우리가 코로나19 대유행을 통제하지 못하게 될 것이라는 최악의 시나리오다. 지금보다 더 심각한 변이 바이러스가 등장해 확산세가 심해지고, 위중증 환자와 사망자가 늘어나는 것이다. 두 번째는 코로나19가 독감과 같은 유행성 계절 질병으로 바뀌는 시나리오다. 물론 독감으로 인한 사망자 수도 무시할 수 있는 수준은 아니다. 한국의 독감 사망자는 연간 200~250명이고, 미국은 3만 명이나 된다. 마지막 세 번째는 코로나19 바이러스가 독감보다 더 약한, 감기처럼 지나가는 다른 코로나바이러스와 비슷하게 약해지는 것이다.

　다행히 전 세계 사람들의 노력으로 백신과 치료제가 개발되고, 덜 치명적인 오미크론 변이가 등장한 덕에 첫 번째 시나리오는 피한 것으로 보인다. 시간이 필요하겠지만, 코로나19는 2, 3번의 시나리오처럼 풍토병이 될 것이라는 예측이 지배적이다. 바이러스가 폭발적으로 퍼져 전 세계가 통제하지 못하는 상황은 벗어났다는 뜻이다. 많은 전문가들이 코로나19는 독감처럼 계절에 따라 유행을 미리 예측하고 관리할 수 있는 질병이 될 것이라고 전망하고 있다. 과학자들이 과거 유행의 데이터를 보고 다음 유행의 발병 시점, 예

상 확진자 수, 유행할 바이러스 변종에 대해 예측하고 이에 대응할 수 있는 백신을 만들 수 있다는 뜻이다.

물론 당분간은 어렵다. 이렇게 예측 가능한 패턴을 그릴 수 있게 되려면 수년 동안 관찰해야 한다. 대유행에서 풍토병이 되는 과정은 수년에서 수십 년이 걸리는 천천히 이루어지는 것이지 버튼 하나로 상태가 바뀌는 일이 아니다. 지금은 코로나19가 풍토병이 되는 전환기에 막 접어들었다고 할 수 있다. 정체 상태에 도달할 때까지 얼마나 걸릴지, 얼마나 더 많은 사람들이 사망할지, 어떤 계층이 취약할지에 대해서는 아직 아무 것도 알 수 없다.

게다가 풍토병이 된다는 것은 코로나19가 사라졌다는 뜻이 아님을 명심해야 한다. 풍토병은 매년 전 세계 수백만 명의 사람들을 감염시키고, 일부 풍토병의 경우 수십만 명의 목숨을 앗아간다. 가령 2020년 말라리아로 인한 사망자 수는 약 62만 7,000명에 달한다.

결국 코로나19의 미래는 사람들이 감염이나 백신 접종을 통해 획득하는 면역과, 바이러스가 앞으로 어떻게 진화하는지에 달려있다. 현재 최상의 시나

리오는 지금처럼 치명률이 낮은 오미크론의 하위 변이들이 코로나19의 지배 변이로 계속 진화하는 것이다. 일반적으로 감염병 바이러스는 전파력은 높아지지만 치명률은 떨어지는 방향으로 진화한다. 하지만 이와 다르게 전파력도 세고 치명률도 높은 새로운 변이가 나타난다면 지금의 낙관적인 전망은 언제든지 뒤집힐 수 있다.

　다행히도 우리는 대유행을 겪으며 많은 무기들을 준비해 놓았다. 가장 큰 무기는 백신이다. 여기에는 앞서 살펴본 차세대 백신과 바로 다음에 살펴볼 범용 백신이 포함된다. 새로운 변이의 출현을 막는 것은 인간의 손에 달려 있다고 해도 과언이 아니다. 가능한 한 전 세계 모든 사람들이 백신을 접종하는 것이 중요하다.

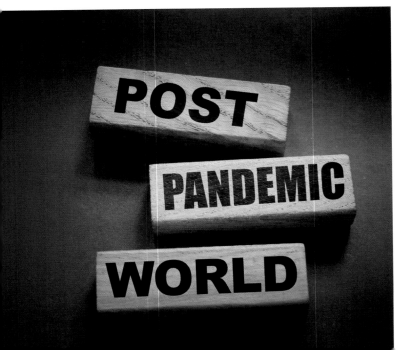

02

미래의 대유행
예방할 코로나바이러스
범용 백신 개발

동안에만 세 가지 코로나바이러스가 심각한 질병을 일으켰다. 앞으로 신종 코로나바이러스는 더 등장할지도 모른다. 이처럼 코로나바이러스의 위협이 지속되자 과학자들은 아예 코로나바이러스 전체를 대상으로 하는 범용 백신을 만들 계획을 세웠다.

2021년 12월 15일 앤서니 파우치(Anthony Fauci) 미국 국립알레르기·감염병연구소(NIAID) 소장과 소속 연구원들은 국제학술지 〈뉴잉글랜드 저널

앤서니 파우치 NIAID 소장
ⓒFlickr

오브 메디신(NEJM)〉에 범용 코로나 백신 개발에 전념해야 한다는 논평을 실었다. 이들은 델타와 오미크론 같은 전염력 높은 변이가 계속 출현하고 있는데다 가까운 미래에 전염성과 치명성을 알 수 없는 새로운 코로나바이러스가 등장할 수 있다며, 코로나바이러스에 광범위하게 보호될 수 있는 백신을 개발해야 한다고 강조했다. 2020년 9월 미국 NIAID는 범용 코로나바이러스 백신 개발에 자금을 지원하겠다고 발표한 바 있으며, 전염병대비혁신연합(CEPI)도 2020년 3월 최대 2억 달러를 지원하겠다고 말했다.

범용 백신에 대한 아이디어는 사실 새로운 것은 아니다. 변이가 잦은 코로나바이러스와 마찬가지로 인플루엔자 바이러스도 빈번한 돌연변이와 수백 가지의 변이를 갖고 있다. 매년 유행하는 주요 변이가 달라지므로 독감 백신은 매년 예방 접종을 받아야 한다. 과학자들은 이러한 독감 백신의 번거로움과 이에 드는 비용 등을 보면서 보편적인 독감 백신을 개발하겠다는 생각을 해왔다. 범용 코로나바이러스 백신에 대한 생각도 여기서 시작되었다.

현재 전 세계 약 24개의 연구팀이 코로나바이러스 범용 백신을 개발하고 있다. 과학자들의 관심은 사람에게 감염되는 알파와 베타 코로나바이러스 중에서도 베타 코로나바이러스이며, 그 중에서도 사스와 메르스, 코로나19 바이러스를 포함하는 사베코 바이러스다. 2021년 8월 26일 미국 노스캐롤라이나 대

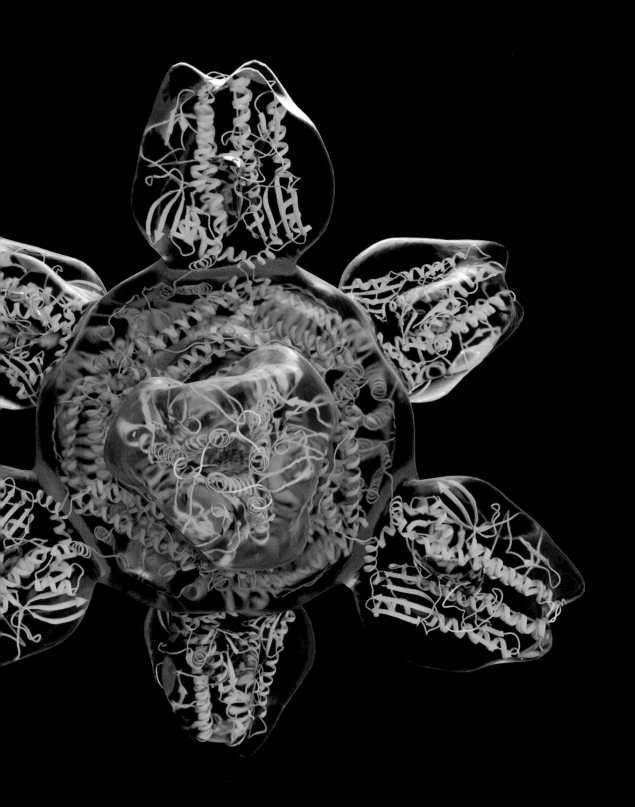

인플루엔자 범용 백신 프로토타입

학 연구팀은 국제학술지 〈사이언스〉에 사스와 코로나19 바이러스, 박쥐의 코로나바이러스 2종, 총 4종의 스파이크 단백질을 조합해 키메라 스파이크 단백질 mRNA 백신을 만들었다고 발표했다. 이 키메라 mRNA 백신을 쥐에게 투여한 결과, 사베코 바이러스에 대한 중화 항체가 생성되었다. 베타 코로나바이러스에 속하는 여러 바이러스의 스파이크 단백질 조합을 나노 입자에 고정한 모자이크 백신을 개발하는 연구팀도 있다.

미국 캘리포니아 공과대학 연구팀은 돌연변이가 발생하기 쉬운 스파이크 단백질 대신, 변화가 거의 없는 영역을 찾았다. 연구팀은 사스와 코로나19 바이러스, 5종의 박쥐 코로나바이러스에서 공통으로 보존되어 있는 부분을 찾아냈다. 그리고 이 부위의 염기서열로 8개의 작은 단백질을 만들고, 나노 입자의 표면에 이 단백질을 여러 조합으로 고정시킨 모자이크 백신을 제작했다. 연구팀이 모자이크 백신을 쥐에게 주사한 결과, 백신을 만드는 데 사용되지 않았던 다른 코로나바이러스를 포함해 광범위한 사베코 바이러스에 대한 면역력을 나타냈다.

범용 코로나바이러스 백신은 아직 연구 단계에 있다. 범용 백신을 개발하는 것은 매우 어려운 일이지만, 만약 성공한다면 새로운 코로나바이러스가 등장했을 때 임시 백신으로 쓸 수 있다. 모든 사람이 코로나바이러스에 대해 기본적인 면역력을 가질 수 있게 준비한 뒤, 신종 코로나바이러스에 대한 백신을 개발할 시간을 벌 수 있다. 또 순환하는 바이러스의 양을 줄여 변종 출현 가능성을 줄일 수도 있다.

03 신종 감염병의 시대, 코로나 이후 '질병 X'에 대비하려면

만약 인류가 코로나19 바이러스와 안정적으로 공존하며 살아가게 되더라도 명심해야 할 것이 있다. 코로나19는 결코 감염병의 끝이 아니라는 것이다. 전문가들은 신종 바이러스의 공격은 언제든 또 다시 닥쳐올 수 있다고 경고하고 있다.

2018년 WHO는 심각한 공중보건 비상사태를 일으킬 가능성이 있는 8개의 바이러스를 발표했다. 여기에는 에볼라 바이러스, 메르스와 사스 바이러스, 니파 바이러스, 지카 바이러스 등이 포함되었는데, 목록의 마지막에는 '질병 X'라는 미지의 바이러스가 소개되었다. 인류에게 신종 바이러스로 인한 감염병이 나타날 것이라고 예측한 것이다. 그리고 실제로 일 년 뒤인 2019년 질병 X는 코로나19라는 이름으로 우리 앞에 나타났다. 질병 X는 앞으로도 계속해서 다른 이름으로 등장할 것이다.

유례없는 감염병 대유행의 공포를 경험한 인류는 미래의 질병 X에 대비할 준비를 하고 있다. 미국 바이든 정부는 2021년 9월 3일 10년 이내에 코로나19와 같은 세계적 대유행이 재발할 것이라고 예상하고, 미래에 발생할 수 있는 대유행으로부터 미국을 보호하기 위한 '미국 대유행 예방전략'을 발표했다. 7~10년 동안 총 635억 달러(약 83조 원)라는 어마어마한 비용을 투입해 백신과 치료제 등 의약품을 개발하고, 감염병 모니터링을 강화하며, 보건 인프라를 확충할 계획이다. 에릭 랜더(Eric S. Lander) 백악관 과학 고문은 천문학적인 비용을 투입하는 미국의 대유행 예방 전략을 1960년대 후반의 달 탐사 프로그램이었던 '아폴로 계획'에 비유하기도 했다. 한국도 2020년 9월 국립감염병연구소를, 2021년 7월에는 한국 바이러스기초연구소를 설립해 감염병 연구와 대응에 나섰다.

그렇다면 미지의 적 질병 X와의 싸움을 어떻게 해야 잘 준비할 수 있을까? 우선 대유행을 일으킬 가능성이 높은 감염병을 예측하고 꾸준히 감시하는 것이 필요하다. 신종 바이러스의 출현을 정확히 예측하는 것은 비현실적인 일이지만, 그래도 우리는 어디에서 새로운 바이러스가 나타날 가능성이 높은지는 알 수 있다. 대부분의 신종 바이러스는 '완전히 새로운 것'은 아니기 때문이다. 신종 질병의 75% 이상은 동물에 의해 종간 장벽을 넘어 발생한 '인수공통감염병'이다. 그리고 이렇게 종간 장벽을 넘어 다른 종으로 전이되는 바이러스를 '스필오버(Spillover)' 바이러스라고 한다. 인간에게 나타날 다음 바이러스에 대비하려면, 바로 이런 스필오버 바이러스를 예의 주시해야한다.

2021년 4월 25일 자 국제학술지 〈미국국립과학원회보(PNAS)〉에는 미국 UC 데이비스 연구팀이 야생 동물에서 인간에게 전파되는 스필오버 바이러스에 위험 순위를 매겨 인수공통전염병의 대유행 가능성을 평가한 연구 결과가

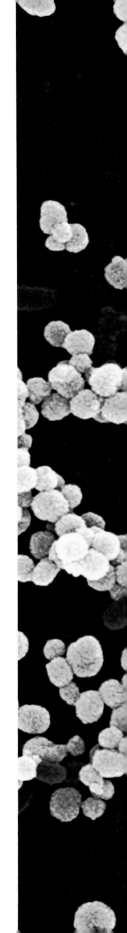

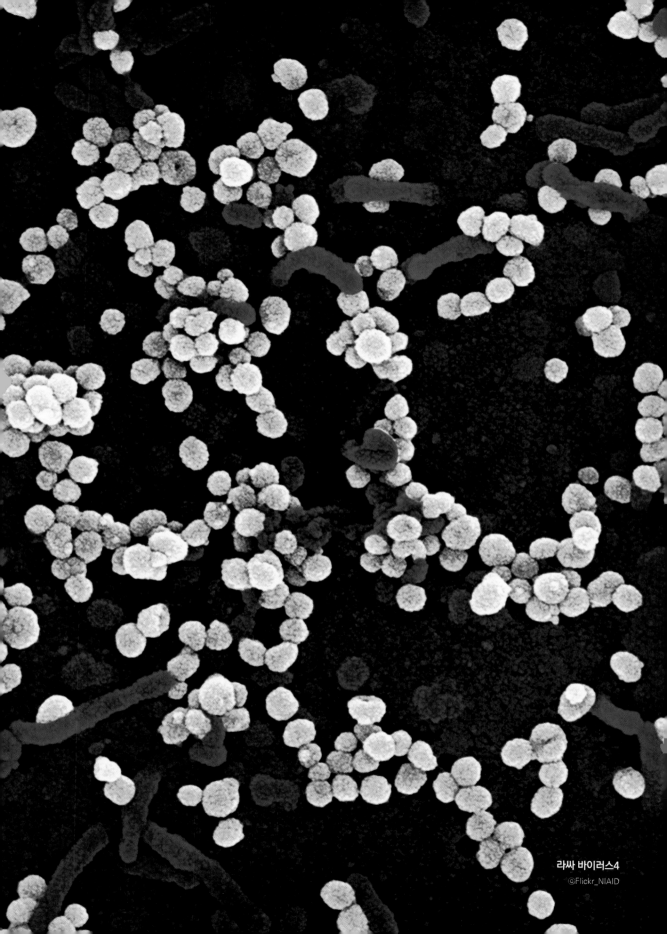

라싸 바이러스4
©Flickr_NIAID

실렸다. 연구팀은 은행과 보험회사가 사용하는 리스크 평가 기법에 착안해, 바이러스의 위험도, 숙주 위험도, 환경 위험도 등의 32개 위험 요소에 따라 887개 스필오버 바이러스에 점수를 매겼다. 연구팀이 매긴 점수에 따르면, 인간에게 가장 큰 위협이 되는 바이러스 1위는 라싸 바이러스다.

라싸 바이러스는 1969년 나이지리아 라싸 마을에서 처음 발견되었고, 이에 따라 라싸 바이러스라는 이름이 붙었다. 라싸 바이러스에 감염된 쥐의 소변이나 대변으로 오염된 음식 등에 노출되어 감염되며, '라싸 출혈열'이라 불리는 발열, 출혈 등을 일으킨다. 시에라리온, 기니, 나이지리아 등의 서아프리카 국가들에 풍토병으로 존재하며, 연간 30만~50만 명이 감염되고 5,000명이 사망하는 것으로 알려져 있다. 전체 치사율은 1%로 높지 않지만, 마땅한 치료제나 백신이 없다.

라싸 바이러스에 이어 코로나19 바이러스가 2위를, 3위는 에볼라 바이러스가 차지했다. 상위 20위 안에 'PREDICT_CoV-35'라는 알려지지 않은 신종 코로나바이러스가 포함된 것도 눈길을 끈다. 연구팀은 이런 감시 목록을 통해 우선순위에 해당하는 바이러스를 감시한다면 또 다른 치명적인 감염병이 발생하기 전에 예방조치를 취할 수 있을 것으로 기대했다.

인공지능(AI) 기술이 발전하면서 바이러스 예측에 AI를 활용하려는 시도도 이어지고 있다. 영국 글래스고 대학 연구팀은 2021년 9월 28일 국제학술지 〈플로스 생물학〉에 AI의 기계학습을 활용해 인수공통전염병이 될 바이러스를 예측하는 방법을 발표했다. 연구팀은 861개의 바이러스 유전체 데이터를 인공지능에게 학습시킨 뒤, 패턴을 찾도록 훈련시켜 인간을 감염시킬 가능성이 높은 바이러스를 구분할 수 있는 알고리즘을 개발했다. 이 AI를 이용해 학습시키지 않은 다른 758개의 바이러스를 분류하는 테스트를 수행했더니 70.8%의 정확도를 보였다. 연구팀은 앞으로 바이러스 유전체의 염기서열 정보가 더 축적된다면, 새로운 감염병을 일으킬 수 있는 바이러스를 빠르고 효과적으로 찾아낼 수 있을 것으로 기대했다.

인수공통감염병이 일어나기 쉬운 '핫스폿' 지역을 찾는 것도 중요하다. 바이러스의 숙주가 되는 동물의 서식지를 감시하고, 해당 지역에 거주하는 사람들을 지속적으로 관찰해 질병이 특별하게 증가했는지, 새로운 증상이 나타났는지, 인구 변화가 있었는지 등을 계속 확인하는 것이다. 2017년 전염병의 피해로부터 인간과 동물, 환경을 보호하기 위해 설립된 미국의 비영리단체 에코헬스 얼라이언스의 과학자들은 인수공통감염병이 일어날 수 있는 핫스폿 지도를 만들어 공개했다.

연구팀은 인구 밀도와 변화, 위도, 강우량 및 야생 동물의 다양성, 토지 이용 변화 등의 변수를 고려해 감염병 위험이 높은 지역을 찾았다. 이 지도에 따르면 남아시아와 동남아시아, 서아프리카와 중앙아프리카, 라틴아메리카의 일부가 인수공통감염병의 전파 가능성이 가장 높은 것으로 나타났다. 특히 방글라데시와 인도, 중국이 가장 위험도가 높았다. 연구팀은 방글라데시는 인구 밀도가 높고, 중국과 인도는 전 세계에서 가장 빠르게 성장하는 국가라는 점에 주목했다. 특히 인도와 중국은 세계에서 가장 산림이 많아 야생 동물도 많이 서식하는데, 숲이 도시화와 토지 개간 등으로 파괴되고 있다. 연구팀은 이런 상황에서 야생 동물과 인간이 만날 확률이 점점 증가하고, 바이러스 유출 가능성도 늘어난다고 보며, 위험 지역의 모니터링을 강화해야 한다고 주장했다.

04 | 인간 활동이 대유행과 신종 바이러스 출현의 원인

모니터링도 중요하지만 가장 중요한 것은 대유행의 가장 근본적인 원인을 찾아 해결하려는 노력이다. 2000년대 이후로 신종 감염병의 출현 주기가 짧아진 것은 사실 전적으로 인간 탓이다. 2020년 10월 생물다양성 과학기구(IPBES)가 발간한 보고서에서 피터 다작(Peter Daszak) IPBES 워크숍 의장은 "코로나19 세계적 대유행을 포함한 현대의 대유행 원인에는 큰 이견이 없다."며 "기후 변화와

생물 다양성을 감소시키는 인간의 활동이 전염병 위험의 원인이 되고 있다."고 말했다. 도시화, 농지 확대로 인한 토지 개간 등 인간의 산업 활동으로 야생 동물의 서식지가 파괴되면서 삶의 터전을 잃은 야생 동물과 사람 간의 접촉이 증가하고, 이 때문에 야생 동물에서 인간으로 질병이 옮겨질 확률이 늘어나기 시작했다는 것이다. 대유행의 환경을 인류가 스스로 만든 셈이다.

예를 들어 니파 바이러스, 코로나바이러스 등 각종 바이러스의 숙주 동물인 박쥐는 원래 숲 속에 살기 때문에 인간과 접촉할 기회가 많지 않았다. 하지만 산림 벌채로 서식지가 파괴되면서 먹이를 찾기 위해 최대 100km까지 이동하게 되면서 인간이나 다른 야생 동물과의 접촉이 크게 늘었다. 게다가 박쥐는 스트레스를 받으면 면역 체계가 약해져 더 많은 바이러스를 퍼뜨리는 것으로 알려져 있다. 영장류도 마찬가지다. 미국 스탠퍼드 대학 연구팀은 우간다의 산림 벌채와 서식지 파편화로 인해 영장류가 먹이를 얻기 위해 인간의 농작물을 약탈하면서 영장류와 사람 간의 직접적인 만남이 증가했다는 사실을 밝혔다.

또 인간이 자연을 파괴하고 개발한 곳에서는 인수공통감염병의 발병 위험이 증가한다는 논문이 2020년 8월 5일 자 국제학술지 〈네이처〉에 발표되기도 했다. 영국 유니버시티칼리지런던(UCL) 생물다양

박쥐는 전 세계적으로 약 1,000여 종이 존재하는 포유류로 156 종의 인수공통 바이러스를 지니고 있는데 이는 설치류 다음으로 많은 것이다.

성 및 환경연구센터 연구팀은 6개 대륙의 6,801곳의 생태 집합체를 분석한 결과, 도시화가 진행된 곳에서 박쥐와 설치류, 영장류 중 인간에게 감염병을 옮길 수 있다고 알려진 동물종의 개체수가 증가한 것으로 나타났다.

최근에는 지구 온난화로 기후 위기까지 더해지면서 신종 감염병의 위협이 더 커지고 있다. 미국 하와이 대학 연구팀은 2022년 8월 9일 국제학술지 〈네이처 기후 변화(Nature Climate Change)〉에 218개 감염병이 기후 변화로 악화되고 있다는 연구 결과를 발표했다. 연구팀은 7만 개 이상의 논문을 분석해 온도 상승, 홍수, 가뭄, 태풍, 산불, 폭염, 해수면 상승 등 기후 변화로 나타난 현상이 댕기열, 간염, 말라리아, 지카 바이러스 등과 같은 감염병에 미치는 영향을 알아봤다. 그 결과 기후 변화가 감염병 확산을 악화시키고 있는 것으로 나타났다. 예를 들어 태풍이나 해수면 상승, 홍수로 사람들이 이동하면서 라사열, 콜레라, 장티푸스와 같은 감염병이 늘어났으며 폭염으로 수인성 질병이 증가하고 있다.

기후 변화는 일부 병원체를 더 치명적으로 만들거나 병원체의 전파를 증가시키고 있다. 특히 말라리아와 댕기열, 지카 바이러스 등 모기와 진드기 등의 곤충을 통해 전염되는 감염병이 늘어나고 있다. 모기로 인한 감염병은 주로 열대 지방에서 발생하는 것으로 알려져 있지만, 지구 온난화로 인해 모기의 활동성과 활동 범위, 개체수가 크게 증가하고 있어 모기 매개 감염병에 노출되는 전 세계 인구가 점점 늘어날 것으로 예상된다.

2019년 미국 플로리다 대학 연구팀은 숲모기가 매개하는 바이러스 감염병의 전파 위험을 기후 변화 시나리오에 따라 예측하고 그 결과를 국제학술지

〈플로스 소외열대질환(PLoS NTDs)〉에 발표했다. 숲모기는 인간에게 뎅기열과 지카 바이러스 등의 치사율이 높은 바이러스 감염병을 옮기는 것으로 알려져 있다. 지금은 흰줄숲모기와 이집트숲모기 모두 열대 지방에서만 전파력이 높고 온대 지방에서는 전파력이 높지 않다. 하지만 지구의 온도가 상승한 2050년과 2080년에는 숲모기 서식지가 더 확대되면서 이전까지는 숲모기 위험에서 자유로웠던 고위도 지역까지도 위험에 노출되는 것으로 나타났다.

산이나 공원에서 만날 수 있는 흰줄숲모기는 지카 바이러스나 뎅기열 등을 전파할 수 있는 매개체이므로 주의해야 한다.

한국도 예외는 아니다. 환경부와 기상청이 공동으로 발간한 〈한국 기후 변화 평가보고서 2020〉에 따르면, 온도가 1℃ 상승하면 국내에 쯔쯔가무시증, 렙토스피라증, 말라리아 등의 곤충 매개 감염병이 평균 4.27% 증가할 것으로 예측되었다. 보고서에서는 기후 변화가 지속되어 제주도와 남쪽 지역이 아열대 기후로 바뀐다면 이들 지역을 중심으로 말라리아, 뎅기열 등의 발생 빈도가 높아질 것으로 예측했다.

또 기후 변화는 우리나라에 새로운 감염병을 토착화시킬 수도 있다. 기후 변화가 지속되면 웨스트나일열, 치쿤구니야열 등이 해외로부터 유입되어 확산될 가능성도 있다. 한국에서는 이에 대비하기 위해 질병관리청에서 기후 변화 대응 감염병 매개체 사업을 매년 수행하고 있다. 전국에 설치된 권역센터에서 연구원들이 도시와 숲, 철새 도래지 등에서 모기를 채집하고, 유전자 분석을 통해 바이러스의 감염 여부 등을 검사한다.

팬데믹 시대
가장 필요한 키워드:
하나의 건강(One Health)

현재 코로나19 대유행 예방은 의료 체계 개편, 격리와 백신 등에 중점을 두고 있다. 물론 감염병이 발생한 뒤 확산되는 것을 방지하고 신속하게 백신과 치료제를 개발하는 일도 중요하지만, 사실 최선의 예방은 대유행 자체가 일어나지 않도록 하는 것이다. 이를 위해 많은 과학자들은 '하나의 건강(One Health)' 접근법을 주장한다. 테워드로스 아드하놈 거브러여수스 WHO 사무총장도 "우리는 공중보건, 동물의 건강 및 우리가 공유하는 환경에 대한 통합

된 '하나의 건강' 방식을 통해서만 미래의 감염병을 예방할 수 있다.''며 이 접근법이 인류의 생존에 필수적임을 강조한 바 있다.

'하나의 건강'은 인간의 건강이 동물의 건강, 자연환경과 하나로 연결되어 있다는 개념이다. 쉽게 말해 인간과 동물, 환경이 모두 건강해야 인류도 건강하다는 것이다. 사실 이 개념은 최근에 만들어진 것은 아니다. 1964년 미국의 수의학자 캘빈 슈바베(Calvin W.Schwabe)는 의학과 수의학은 연결되어 있으며, 인수공통전염병을 퇴치하기 위해서는 수의사와 의사가 협력해야 한다고 제안하며 '하나의 의학(One medicine)'이라는 용어를 만들었다. 하지만 그럼에도 불구하고 20세기까지 인간과 동물의 건강은 서로 별개의 것으로 취급되어 왔다.

그러다 2003년 사스의 출현 등 인수공통감염병의 발병 빈도가 늘어나자 2004년 9월 전 세계 보건 전문가들은 미국 록펠러 대학에서 야생 동물보호협회 심포지엄을 열고 인간과 가축, 야생 동물 사이의 질병 이동에 대해 논의했다. 그리고 이 심포지엄에서 전문가들은 인간과 동물의 건강을 위한 12가지의 '맨해튼 원칙'을 발표하며 '하나의 건강, 하나의 세계' 개념을 구체화했다. 맨해튼 원칙은 인간과 가축 및 야생 동물의 건강과 질병의 위협에 대처하기 위해 질병 예방, 감시, 모니터링, 통제 및 완화를 위해 국제적이고 다학제적으로 접근해야 한다는 주장이다. 여기에는 토지와 물 사용 시의 생태계 영향에 대한 고려, 야생 동물 거래 규제와 도살 제한, 인간과 동물 보건을 위한 투자, 더 건강한 지구를 위한 인식 제고 등이 포함된다. 2007년, 고병원성 H5N1 조류 인플루엔자의 유행으로 유엔세계식량농업기구(FAO), 세계동물보건기구(OIE), WHO 등 여러 국제기구가 '하나의 건강' 접근의 중요성을 인식하고 신종 감염병 대응에 적용하는 전략을 제안했다. 2011년에는 '하나의 건강'을 주제로 한 최초의 국제회의가 호주에서 열렸다. 이후 '하나의 건강' 개념은 생명과학, 수의학, 의학 분야에서 자리를 잡았지만 대중에게는 거의 알려지지 않았다가 코로

나19 대유행이 시작되면서 다시 주목을 받기 시작했다. 코로나19 대유행은 인간의 건강이 우리가 공유하는 환경 전반에 걸쳐 다른 동물의 건강과 근본적으로 상호 연결되어 있음을 보여준 사건이었기 때문이다. 코로나19는 대표적인 인수공통감염병으로, 매우 많은 동물이 코로나19 바이러스에 감염될 수 있다는 사실이 밝혀졌다. 밍크, 고양이, 개, 사슴 등 수많은 반려동물과 야생 동물, 동물원의 동물들이 코로나19 바이러스에 감염된 것으로 보고되면서 사람과 동물 모두에게 영향을 미치는 코로나19를 해결하기 위해서는 '하나의 건강' 접근 방식이 중요하다는 것이 분명해졌다. '하나의 건강'의 주요 관심사는 인수공통감염병, 항생제 내성, 식품 안전 및 식품 안보, 매개체 매개 질병, 환경 오염 등이다. 미국 질병통제예방센터(CDC)는 2009년부터 '하나의 건강' 전담 부서가 설치되어 전 세계적으로 활동을 주도하고 있다. 이들은 각 국가나 지역에서 인간, 동물 및 환경 보건 부문에서 공동으로 해결해야 하는 인수공통전염병의 우선순위를 '하나의 건강' 접근 방식으로 지정하고, 해당 질병에 대한 문제를 해결하기 위한 계획을 개발하도록 돕고 있다. 쉽게 말해 관련된 부문 전반의 국가 기관이나 전담 부서, 전문가들이 협력하는 것이다.

한국에서도 인수공통감염병, 항생제 내성, 수인성·식품매개 감염병 분야에서 '하나의 건강' 접근법을 통해 감염병을 관리하고 있다. 인수공통감염병이나 항생제 내성 등은 인간, 동물, 식품, 수산, 농업, 환경 등 다양한 경로에서 발생하기 때문에 질병관리청, 농림축산식품부, 환경부 등이 함께 통합 감시 체계를 구축해 연구 결과를 공유하고 협력하고 있다. 즉, 다양한 분야의 전문가들이 협력해 감염병에 대응하는 인프라를 구축하도록 하는 것이 '하나의 건강' 접근이라고 할 수 있다.

물론 '하나의 건강' 개념을 실제로 구현하는 일은 아직 어렵다.

'하나의 건강' 실행 방안

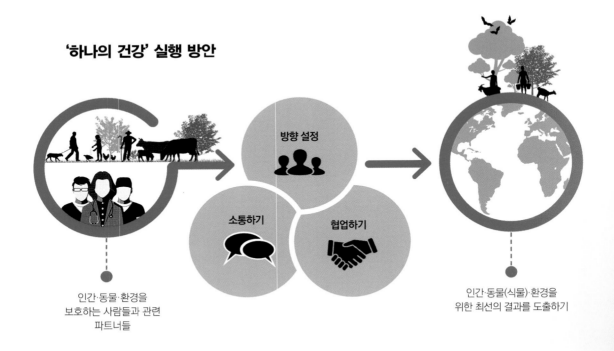

인간·동물·환경을
보호하는 사람들과 관련
파트너들

방향 설정

소통하기

협업하기

인간·동물(식물)·환경을
위한 최선의 결과를 도출하기

하지만 코로나19 세계적 대유행은 우리에게 인수공통전염병을 해결하기 위해 패러다임의 변화가 필요하다는 것을 보여 줬다. 이것은 열대 우림을 비롯한 산림을 보존하고, 동물의 서식지와 생물 다양성을 파괴하지 않도록 토지를 이용하며, 야생 동물의 사냥 및 거래를 규제하는 등 우리가 동물과 상호 작용하는 근본적으로 바꾸는 것에서부터 시작해야 한다. 그리고 이 비용은 대유행이 터지고 난 뒤에 쓴 수습비용보다 훨씬 적다.

국제학술지 〈사이언스〉 2020년 7월 24일 자에 발표된 '전염병 예방을 위한 생태학 및 경제학'이라는 보고서에서, 과학자들은 산림 벌채 방지와 야생 동물 규제 등에 쓰이는 비용이 연간 220억 달러에

불과하다고 말했다. 코로나19 대유행에 대응하는 데 드는 경제적 비용이 10조~20조 달러에 이를 수 있다고 예측했던 것과 비교하면 매우 적은 수치다. 연구에 참여한 아론 번스타인(Aaron Bernstein) 하버드 대학 기후, 건강 및 지구환경 센터 이사는 "코로나19는 자연이 인간에게 보내는 경고"라며 "우리는 보다 효과적인 개입이 필요하며, 이를 달성하기 위해 질병 발생을 예방하는 과학과 조치에 더 많은 투자가 필요하다."고 주장했다.

맺음말

2022년 9월 14일, 테워드로스 아드하놈 거브러여수스 WHO 사무총장은 기자 회견에서 지금이 코로나19 대유행을 종식시킬 가장 좋은 때라며, 끝이 보인다고 말했습니다. 그로부터 며칠 후, 조 바이든 미국 대통령도 미국에서 코로나19 대 유행이 끝났다고 말했죠. 다만 아직도 오미크론 하위 변이들의 유행으로 확진자 와 사망자는 꾸준히 발생하고 있고, 겨울에 또 다시 대규모 유행이 일어날 가능 성이 있어 전문가들은 바이든 대통령의 발언이 시기상조라고 우려했습니다.

하지만 어쨌든, 최소한 코로나19는 2020년 유행 초기보다는 훨씬 덜 치명적인 감염병이 되었습니다. 심각한 변종 바이러스가 출현하지 않는다면 코로나19는 이대로 대유행(팬데믹) 단계에서 풍토병(엔데믹) 단계로 접어들고 있는 것으로 보입니 다. 한국을 포함한 많은 나라들이 대부분의 방역 조치를 해제하고 풍토병 단계 의 방역으로 전환해 가고 있습니다. 물론 코로나19가 풍토병으로 전환되는 데는 꽤 긴 시간이 걸릴 것입니다.

코로나19 대유행은 우리에게서 많은 것을 앗아갔지만, 그만큼 중요한 것도 많 이 알려주었습니다. 우선 언젠가 또 닥쳐올 새로운 감염병과 미래의 대유행에 대 처하고 대비하는 방법을 가르쳐줬습니다. 이제 우리는 빠른 시간에 바이러스를 찾아내 효과적인 백신을 만들고 전 세계에 공급할 수 있는 기술을 갖게 되었고, 코로나19 확산을 억제하기 위해 시행했던 방역 조치나 역학 조사에 관한 경험, 인프라를 축적해 두었습니다. 새로운 감염병의 출현을 완전히 막을 수는 없겠지 만, 최소한 우리가 어떤 준비를 해야 하는지, 인류가 잘못하고 있는 것은 무엇인 지에 대해서도 다시 생각하게 만드는 계기가 되었습니다.

무엇보다 코로나19 대유행은 안토니우 구테흐스(António Guterres) UN 사무총장의 성명에서처럼, "모든 사람이 안전해질 때까지는 누구도 안전할 수 없다."는 것을 절실히 알려 주었습니다. 코로나19 바이러스는 모두에게 평등한 감염을 일으키지만, 계층이나 인종, 빈부격차에 따라 감염병에 대한 취약성과 회복성은 다르다는 현실도 드러내 주었죠. 불평등한 백신 분배, 편견과 차별, 국가 간 경쟁과 자국 이기주의의 각자도생만으로는 대유행을 극복할 수 없다는 것도 알게 해 주었습니다. 감염병의 대응은 전 세계가 함께 협력해야 한다는 사실을 일깨워 준 것입니다. 우리는 이 깨달음들을 바탕으로, 아직 끝나지 않은 코로나19 대유행을 곧 이겨내고 다음에 찾아올 감염병도 대비할 수 있을 것이라 믿습니다.

참고문헌 ———————————————————————

01. 인류와 함께해 온 감염병

Susat et al, 'A 5,000-year-old hunter-gatherer already plagued by Yersinia pestis', 〈Cell Reports〉, 35(13) DOI:10.1016/j.celrep, 2021, 109278.

김홍빈, '국내 항생제 내성균 감염에 대한 질병 부담 연구', 질병관리본부, 2017.

Harrington, W.N. et al, 'The evolution and future of influenza pandemic preparedness', 〈Experimental& Molecular Medicine〉, 53, 737-749. DOI:10.1038/s12276-021-00603-0.

02. 코로나19 세계적 대유행

Boni, M.F. et al, 'Evolutionary origins of the SARS-CoV-2 sarbecovirus lineage responsible for the COVID-19 pandemic', 〈Nature Microbiology 5〉, 1408-1417. DOI:10.1038/s41564-020-0771-4, 2020.

Calisher et al, 'Statement in support of the scientists, public health professionals, and medical professionals of China combatting COVID-19'. 〈Lancet〉, 395(10226), E42-E43. DOI:10.1016/S0140-6736(20)30418-9, 2020. World Health Organization, 'WHO-convened global study of origins of SARS-CoV-2: China Part', 2021, https://www.who.int/publications/i/item/who-convened-global-study-of-origins-of-sars-cov-2-china-part

Office of the Director of National Intelligence, 'Unclassified Summary of Assessment on COVID-19 Origins', 2021, https://www.dni.gov/index.php/newsroom/reports-publications/reports-publications-2021/item/2236-unclassified-summary-of-assessment-on-covid-19-origins

Holmes et al, 'The origins of SARS-CoV-2: A critical review', 〈Cell〉, 184(19), 4848-4856. DOI:10.1016/j.cell.2021.08.017, 2021.

Worobey, 'Dissecting the early COVID-19 cases in Wuhan', 〈Science〉, 374(6572), 1202-1204. DOI: 10.1126/science.abm4454, 2021.

Wrapp et al, 'Cryo-EM structure of the 2019-nCoV spike in the prefusion conformation', 〈Science〉, 367(6483), 1260-1263. DOI: 10.1126/science.abb2507, 2020.

Shang, J et al, 'Structural basis of receptor recognition by SARS-CoV-2', 〈Nature〉, 581, 221-224. DOI:10.1038/s41586-020-2179-y, 2020.

Turoňová et al, 'In situ structural analysis of SARS-CoV-2 spike reveals flexibility mediated by three hinges', 〈Science〉, 370(6513), 203-208. DOI: 10.1126/science.abd5223, 2020.

Coutard B et al, 'The spike glycoprotein of the new coronavirus 2019-nCoV contains a furin-like cleavage site absent in CoV of the same clade', 〈Antiviral research〉, 176, 104742. DOI:10.1016/j.antiviral.2020.104742, 2020.

Oh SM et al, 'Clinical Application of the Standard Q COVID-19 Ag Test for the Detection of SARS-CoV-2 Infection', 〈Journal of Korean Medical Science〉, 36(14), e101. DOI:10.3346/jkms.2021.36.e101, 2021.

Fozouni et al, 'Amplification-free detection of SARS-CoV-2 with CRISPR-Cas13a and mobile phone microscopy', 〈Cell〉, 184(2), 323-333. DOI:10.1016/j.cell.2020.12.001, 2021.

Puig et al, 'Minimally instrumented SHERLOCK (miSHERLOCK) for CRISPR-based point-of-care diagnosis of SARS-CoV-2 and emerging variants', 〈Science Advances〉, 7(32). DOI: 10.1126/sciadv.abh2944, 2021.

Brann, H et al, 'Non-neuronal expression of SARS-CoV-2 entry genes in the olfactory system suggests mechanisms underlying COVID-19-associated anosmia', 〈Science Advances〉, 6(31) DOI: 10.1126/sciadv.abc5801, 2020.

Wenzel, J. et al, 'The SARS-CoV-2 main protease Mpro causes microvascular brain pathology by cleaving NEMO in brain endothelial cells', 〈Nature Neuroscience〉, 24, 1522-1533. DOI:10.1038/s41593-021-00926-1, 2021.

COVID-19 Host Genetics Initiative, 'Mapping the human genetic architecture of COVID-19', 〈Nature〉, 600, 472-477. DOI:10.1038/s41586-021-03767-x, 2021.

Bastard P et al, 'Insufficient type I IFN immunity underlies life-threatening COVID-19 pneumonia. Comptes Rendus', 〈Biologies〉, 344(1), 19-25. DOI: 10.5802/crbiol.36, 2021.

Nalbandian, A et al, 'Post-acute COVID-19 syndrome', 〈Nature Medicine〉, 27, 601-615. DOI:10.1038/s41591-021-01283-z, 2021.

'Understanding long COVID: a modern medical challenge', 〈Lancet〉, 398(10302), 725. DOI:10.1016/S0140-6736(21)01900-0.

Zhang et al, 'Membrane fusion and immune evasion by the spike protein of SARS-CoV-2 Delta variant', 〈Science〉, 374(6573), 1353-1360, 2021.

Syed, M et al, 'Rapid assessment of SARS-CoV-2-evolved variants using virus-like particles', 〈Science〉, 374(6575), 1626-1632. DOI: 10.1126/science.abl6184, 2021.

'HKUMed finds Omicron SARS-CoV-2 can infect faster and better than Delta in human bronchus but with less severe infection in lung', HKUMed, 2021년 12월 15일, https://www.med.hku.hk/en/news/press/20211215-omicron-sars-cov-2-infection

Imperial College COVID-19 response team, 'Report 50 - Hospitalisation risk for Omicron cases in England', 〈Imperial College London〉, 2021, https://www.imperial.ac.uk/mrc-global-infectious-disease-analysis/covid-19/report-50-severity-omicron/

03. 코로나19에 맞서는 무기, 백신과 치료제

Hotz et al, 'Local delivery of mRNA-encoded cytokines promotes antitumor immunity and tumor eradication across multiple preclinical tumor models', 〈Science Translational Medicine〉, 13(610). DOI: 10.1126/scitranslmed.abc7804, 2021.

Shavit, R. et al, 'Prevalence of Allergic Reactions After Pfizer-BioNTech COVID-19 Vaccination Among Adults With High Allergy Risk', 〈JAMA Network Open〉, 4(8), e2122255. DOI:10.1001/jamanetworkopen.2021.22255, 2021.

Huynh, A. et al, 'Antibody epitopes in vaccine-induced immune thrombotic thrombocytopaenia', 〈Nature〉, 596, 565-569. DOI:10.1038/s41586-021-03744-4.

Othman et al, 'Adenovirus-induced thrombocytopenia: the role of von Willebrand factor and P-selectin in mediating accelerated platelet clearance', 〈Blood〉, 109(7), 2832-2839. DOI:10.1182/blood-2006-06-032524, 2007.

Heymans, S. Cooper, L.T, 'Myocarditis after COVID-19 mRNA vaccination: clinical observations and potential mechanisms', 〈Nature Reviews Cardiology〉, DOI:10.1038/s41569-021-00662-w, 2021.

Walls, C. et al, 'Elicitation of Potent Neutralizing Antibody Responses by Designed Protein Nanoparticle Vaccines for SARS-CoV-2', 〈Cell〉, 183(5), 1367-1382. DOI:10.1016/j.cell.2020.10.043, 2020.

'Self-amplifying RNA COVID-19 vaccine technology safe in humans, suggests study', Imperial College London, 2021년 7월 1일, https://www.imperial.ac.uk/news/222553/self-amplifying-rna-covid-19-vaccine-technology-safe/

'Valneva Reports Positive Phase 3 Results for Inactivated, Adjuvanted COVID-19 Vaccine Candidate VLA2001', Valneva, 2021년 10월 18일,

https://valneva.com/press-release/valneva-reports-positive-phase-3-results-for-inactivated-adjuvanted-covid-19-vaccine-candidate-vla2001/

Mcmillan L. D. et al, 'Complete protection by a single-dose skin patch-delivered SARS-CoV-2 spike vaccine', 〈Science Advances〉, 7(44). DOI: 10.1126/sciadv.abj8065, 2021.

Oh et al, 'Intranasal priming induces local lung-resident B cell populations that secrete protective mucosal antiviral IgA', 〈Science Immunology〉, 6(66). DOI:10.1126/sciimmunol.abj5129, 2021.

Hassan, O. et al, 'A single intranasal dose of chimpanzee adenovirus-vectored vaccine protects against SARS-CoV-2 infection in rhesus macaques', 〈Cell Reports Medicine〉, 2(4), 100230. DOI:10.1016/j.xcrm.2021.100230, 2021.

An et al, 'Protection of K18-hACE2 mice and ferrets against SARS-CoV-2 challenge by a single-dose mucosal immunization with a parainfluenza virus 5-based COVID-19 vaccine', 〈Science Advances〉, 7(27). DOI: 10.1126/sciadv.abi5246, 2021.

'Vaxart Announces Publication of Complete Data from Preclinical COVID-19 Oral Vaccine Hamster Challenge Study in Journal of Infectious Diseases', Vaxart, 2021년 11월 16일, https://investors.vaxart.com/news-releases/news-release-details/vaxart-announces-publication-complete-data-preclinical-covid-19

Krause, R. et al, 'Considerations in boosting COVID-19 vaccine immune responses', 〈Lancet〉, 398(10308), 1377-1380. DOI:10.1016/S0140-6736(21)02046-8, 2021.

Hassanipour, S. et al, 'The efficacy and safety of Favipiravir in treatment of COVID-19: a systematic review and meta-analysis of clinical trials', 〈Scientific Reports〉, 11, 11022. DOI:10.1038/s41598-021-90551-6.

Self WH. et al, 'Effect of Hydroxychloroquine on Clinical Status at 14 Days in Hospitalized Patients With COVID-19: A Randomized Clinical Trial',

〈JAMA〉, 324(21), 2165-2176. DOI:10.1001/jama.2020.22240, 2020.

The RECOVERY Collaborative Group, 'Dexamethasone in Hospitalized Patients with Covid-19', 〈N Engl J Med〉, 384, 693-704. DOI: 10.1056/NEJMoa2021436, 2021.

한국보건의료연구원·대한감염학회, '코로나19 환자 치료를 위한 임상진료지침', 〈대한감염학회〉, 2021.

Aman et al, 'Imatinib in patients with severe COVID-19: a randomised, double-blind, placebo-controlled, clinical trial', 〈Lancet Respiratory Medicine〉, 9(9), 957-968. DOI:10.1016/S2213-2600(21)00237-X

Huo, J. et al, 'A potent SARS-CoV-2 neutralising nanobody shows therapeutic efficacy in the Syrian golden hamster model of COVID-19', 〈Nature Communications〉, 12, 5469. DOI:10.1038/s41467-021-25480-z, 2021.

Zhou et al, 'β-D-N4-hydroxycytidine Inhibits SARS-CoV-2 Through Lethal Mutagenesis But Is Also Mutagenic To Mammalian Cells', 〈The Journal of Infectious Diseases〉, 224(3), 415-419. DOI:10.1093/infdis/jiab247

'Merck and Ridgeback's Investigational Oral Antiviral Molnupiravir Reduced the Risk of Hospitalization or Death by Approximately 50 Percent Compared to Placebo for Patients with Mild or Moderate COVID-19 in Positive Interim Analysis of Phase 3 Study', 〈Merck〉, 2021년 10월 1일, https://www.merck.com/news/merck-and-ridgebacks-investigational-oral-antiviral-molnupiravir-reduced-the-risk-of-hospitalization-or-death-by-approximately-50-percent-compared-to-placebo-for-patients-with-mild-or-moderat/

'Pfizer's Novel COVID-19 Oral Antiviral Treatment Candidate Reduced Risk of Hospitalization or Death by 89% in Interim Analysis of Phase 2/3 EPIC-HR Study', 〈Pfizer〉, 2021년 11월 5일, https://www.pfizer.com/news/press-release/press-release-detail/pfizers-novel-covid-19-oral-antiviral-treatment-candidate

04. 팬데믹 이후 인류는

Telenti, A. et al, 'After the pandemic: perspectives on the future trajectory of COVID-19', 〈Nature〉, 596, 495-504. DOI:10.1038/s41586-021-03792-w, 2021.

Eguia RT et al, 'A human coronavirus evolves antigenically to escape antibody immunity', 〈PLoS Pathogens〉, 17(4), e1009453. DOI:10.1371/journal. ppat.1009453, 2021.

Morens, M. et al, 'Universal Coronavirus Vaccines — An Urgent Need', 〈N Engl J Med〉, DOI: 10.1056/NEJMp2118468, 2021.

Martinez, R. et al, 'Chimeric spike mRNA vaccines protect against Sarbecovirus challenge in mice', 〈Science〉, 373(6558), 991-998. DOI: 10.1126/science.abi4506, 2021.

'Prioritizing diseases for research and development in emergency contexts', 〈World Health Organization〉, https://www.who.int/activities/prioritizing-diseases-for-research-and-development-in-emergency-contexts

'FACT SHEET: Biden Administration to Transform Capabilities for Pandemic Preparedness', The White House, 2021년 9월 3일, https://www. whitehouse.gov/briefing-room/statements-releases/2021/09/03/fact-sheet-biden-administration-to-transform-capabilities-for-pandemic-preparedness/

Grange, L. et al, 'Ranking the risk of animal-to-human spillover for newly discovered viruses', 〈Proceedings of the National Academy of Sciences〉, 118(15), e2002324118. DOI: 10.1073/pnas.2002324118, 2021.

Mollentze N, Babayan SA, Streicker DG, 'identifying and prioritizing potential human-infecting viruses from their genome sequences', 〈PLOS Biology〉, 19(9), e3001390. DOI:10.1371/journal.pbio.3001390, 2021.

Allen, T. et al, 'Global hotspots and correlates of emerging zoonotic diseases', 〈Nature Communications〉, 8, 1124. DOI:10.1038/s41467-017-00923-8,

2017.

Daszak, P. et al, 'Workshop Report on Biodiversity and Pandemics of the Intergovernmental Platform on Biodiversity and Ecosystem Services', ⟨IPBES⟩, DOI:10.5281/zenodo.4147317, 2020.

'Stanford researchers show how forest loss leads to spread of disease', Stanford University, 2020년 4월 8일, https://news.stanford.edu/2020/04/08/understanding-spread-disease-animals-human/

Gibb, R. et al, 'Zoonotic host diversity increases in human-dominated ecosystems', ⟨Nature⟩, 584, 398-402. DOI:10.1038/s41586-020-2562-8, 2020.

Ryan SJ, et al, 'Global expansion and redistribution of Aedes-borne virus transmission risk with climate change', ⟨PLOS Neglected Tropical Diseases⟩, 13(3), e0007213. DOI:10.1371/journal.pntd.0007213, 사진, 2019.

'한국 기후 변화 평가보고서', 환경부·기상청, 2020. http://www.me.go.kr/home/web/policy_data/read.do?menuId=10262&seq=7563

'One Health', CDC, https://www.cdc.gov/onehealth/index.html

'THE MANHATTAN PRINCIPLES', WCS, https://oneworldonehealth.wcs.org/About-Us/Mission/The-Manhattan-Principles.aspx

'One health 항생제 내성균', 질병관리청, https://www.kdca.go.kr/nohas/common/main.do

Dobson, P. et. al, 'Ecology and economics for pandemic prevention', ⟨Science⟩, 369(6502), 379-381. DOI: 10.1126/science.abc3189, 2020.